苹果锈病中期叶背症状

苹果锈病后期叶背症状

苹果树枝干干腐病症状

苹果花叶病毒病症状

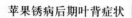

1

苹果黑星病病果

苹果炭疽病后期病果

苹果褐腐病病果上的孢子层

苹果水心病病果

2

梨锈病叶背初期病斑

梨白粉病病叶

葡萄霜霉病叶面症状

葡萄霜霉病叶背霉层

3

桃褐斑穿孔病病叶

桃缩叶病症状

桃树缺铁症状

桃畸形果

桃褐腐病病果

桃树流胶病症状

杏褐腐病病叶

杏疔病病树

杏疔病病叶

枣缩果病症状

草莓褐斑病病叶

草莓 V 型褐斑病病叶

6

草莓灰霉病病果

草莓蛇眼病病叶

草莓根腐病根部变褐腐

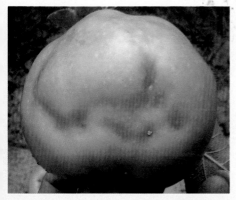

桃小食心虫危害形成的猴头果

苹果棉蚜在枝梢上危害

苹果棉蚜在剪口伤上危害

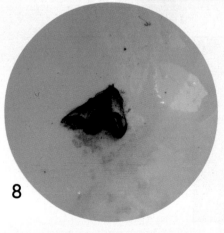

苹果蠹蛾成虫

8

果树病虫害诊断与防治技术口诀

主 编

王本辉 韩秋萍

副主编

安胜利 李亚楠 王素革

编著者

王本辉 韩秋萍 安胜利 李亚楠

王素革 刘 霄 张会芳 夏艳霞

金盾出版社

内 容 提 要

本书由甘肃省庆城县农业技术推广中心、甘肃省瓜菜蚕桑技术站、甘肃省农广校专家编著,以口诀和表格的形式介绍了苹果、梨、葡萄、桃、杏、枣、柿、核桃、草莓等各类果树病虫害诊断与防治技术。所编写的口诀注重病虫危害初期至蔓延的全过程,便于读者对症诊断,避免误诊出现。同时口诀注重适用性和可行性,内容新颖科学,文字通俗精练,韵律流畅。本书可供广大果农、农业技术推广人员、农业经营者以及农业院校师生阅读使用。

图书在版编目(CIP)数据

果树病虫害诊断与防治技术口诀/王本辉,韩秋萍主编．
—北京:金盾出版社,2008.9
ISBN 978-7-5082-5202-5

Ⅰ.果…　Ⅱ.①王…②韩…　Ⅲ.果树—病虫害防治方法
Ⅳ.S436.6

中国版本图书馆 CIP 数据核字(2008)第 108680 号

金盾出版社出版、总发行

北京太平路 5 号(地铁万寿路站往南)
邮政编码:100036　电话:68214039　83219215
传真:68276683　网址:www.jdcbs.cn
封面印刷:北京 2207 工厂
彩页正文印刷:北京蓝迪彩色印务有限公司
装订:北京蓝迪彩色印务有限公司
各地新华书店经销
开本:787×1092 1/32　印张:6.5　彩页:8　字数:140 千字
2009 年 2 月第 1 版第 3 次印刷
印数:18 001~33 000 册　定价:12.00 元

序　言

　　由于我国经济的改革开放,人民生活水平的日益提高,国民对环保型无公害、绿色果品的渴求越来越强烈。尤其是我国实行生产责任制以来,如何把果树病虫害诊断和无公害防治技术推广到千家万户的农民手中,是我们农业科技工作者共同研究的课题。本书作者以自己的写作新思路、技术新方法和学术新成果,把果树病虫害症状诊断及防治技术以韵词语言形式编写成了十几万字的口诀,同时还采用数码照相机拍摄了一些病虫生态彩图,把口诀与专业技术融为一体,从编写手法上来讲是作者独到之处。

　　口诀编写巧妙之处在于没有因语句押韵而改变果树病害症状特征,同时在语言文字押韵时也严格注意了专业技术的准确规范化,其特点是便于读者记忆掌握随口传播,具有极强的实用性。该书的特点是集科普性、学术性、语言艺术于一体,既是农业科普类图书编写手法的创新,又是农业技术推广技能的一大进步。由此可以看出果树病虫诊断与防治技术水平和推广技能在不断提高。此书问世,深感欣慰。特为此作序。

甘肃农业大学园艺
学院院长、教授　　郁继华

2008 年 5 月

前　　言

　　随着农业产业结构调整的不断深入以及果树生产大面积的发展,市场对果品质量的要求越来越高。因此,大力推广果树病虫害无公害防治技术,减少化学农药污染是保证果品质量的重要举措。如何准确而及时地诊断果树作物病虫害是防治工作的基础,如何准确牢记每种果树作物病虫害的危害症状和综合防治技术方法,是实地技术应用的理论基础,因而加强对果树作物病虫害诊断与防治技术推广方法和技巧的研究对技术推广显得尤为重要。

　　20多年来,作者在长期的果树作物病虫害防治技术示范推广工作中,发现相当一部分技术推广工作者和农民群众不能准确地诊断和防治病虫害,其主要原因是对复杂的果树作物病虫危害症状不能牢记和掌握。为了解决这一难题,笔者把近200种果树病虫危害症状和防治技术方法编写成了韵词口诀,为广大技术推广工作者和农民群众能准确诊断和快速掌握果树病虫害症状及防治技术提供了方便。

　　该韵词口诀的特点是从当前的生产实际出发,注重实用性和可行性,内容新颖科学,文字通俗精炼,韵律流畅。在文字方面,借鉴了诗歌简单押韵的形式,采取单句押韵、多句押韵、隔句押韵的自由风格,读起来朗朗上口,便于记忆。通篇展现了深入浅出、完整有序的体裁格式。在语言艺术形式上,将韵词口诀和专业技术理论融为一体,突破了专业理论知识的深奥和冗长。在口诀编写中,注重了病害发生危害初期、中期、后期及植株不同部位病害症状的变化,可以帮助提高对作物病虫危害初期到蔓延全过程、全部位的准确诊断,避免误诊出现。在果树病虫防治农药选用上注重了环保型无公害农药的选用,大多数病虫害防治技术口诀都配有 3～5 种农药,注意了农药中文通用名称和商品名称的辨别,并列成表格,使读者一目了然。

　　本口诀撰写历时 3 年时间,并配有一些主要果树病虫彩图,在撰写过程中,参阅了大量的有关科技资料,吸纳了国内同行专家的长处,并得到了有关领导、同行的大力支持和帮助,在此谨以致谢。书中口诀不完善之处,敬请同行专家和读者批评指正,有待以后完善、补充和修订。

编著者

2008 年 5 月

目 录

第一章　苹果病害诊断与防治

苹果腐烂病

【诊　断】

苹果癌症腐烂病,果农头痛最难治;
轻者导致弱树势,重者常常整株死。
幼苗幼树发病少,结果盛期发病多。
枝干各部都发病,主干枝杈最严重。
发病初期皮层看,皮上显出褐色斑;
继续发展皮层软,酒糟气味鼻中窜;
病部干缩下凹陷,变成深褐出黑点;
治疗延缓绕树干,全株枯死损失惨。
弱树小枝染病原,病部不呈水渍斑;
很快包围整枝干,枝条枯死生黑点。

【防　治】

加强管理强枝势,提高抗性是基础。
腐烂病菌弱寄生,强壮树势发病轻。
病树病枝和病斑,及时清除莫嫌烦。
远离果园防传染,集中烧毁连根铲。
主干病斑及时刮,嫁接搭桥是办法。
三至五月重刮皮,检查病斑很容易;
露出新枝才到位,腐烂病菌离树体。
四霉素和菌毒清,多硫化钡福美胂;

多氧霉素 D 锌盐,腐殖酸铜别腐烂;

或果康宝涂布剂,相互轮换效果好。

表 1-1　防治苹果腐烂病使用药剂

通用名称(商品名称)	剂　型	使用方法
四霉素	0.15%水剂	5 倍液涂抹病疤控制病疤复发
菌毒清	5%水剂	100 倍液涂抹
多硫化钡	70%粉剂	稀释 300～500 倍,取其清液喷雾,其沉淀物可用于涂抹果树树干
福美胂	40%可湿性粉剂	发芽前和 6、7 月份用 100 倍液涂刷主干大枝可预防病害发生
多氧霉素 D 锌盐	3%可湿性粉剂	在刮尽病组织基础上涂抹 3 倍液,防治效果好
腐殖酸铜(843 康复剂)	水剂	用毛刷将原液涂抹病疤上可促进病疤愈合,还可防止复发
双胍辛胺(别腐烂)	3%涂布剂	用小毛刷蘸取涂抹于病疤上防止复发,还是剪锯口的良好封口剂
福美胂(果康宝)	10%涂布剂	用大毛刷蘸取药剂 20 倍液涂刷易发病的部位

苹果轮纹病

【诊　断】

轮纹又称粗皮病,主害枝干和果实。

轮纹病害枝干染,皮孔周围生病斑;

病斑椭圆或扁圆,颜色变褐质地坚;

病健部位有特点,界限明显裂缝生。

病斑相连成一片,表皮粗糙很难看。

贮藏期间果生病,果面皮孔是中心;

水渍褐斑同心纹,果烂发酸味难闻。
该病落花已染症,成熟贮藏才发生。

【防　治】

幼果时期降雨多,做好防治最重要。
轮纹病菌弱寄生,树势强壮抗性增。
肥水管理讲科学,氮磷钾肥要配合;
多施农肥改土壤,剪下病枝销毁光。
发现病斑及时刮,防止传播好办法;
菌毒清液抹病疤,防止病部再扩大。
生长季节喷农药,保护果实最重要;
可杀得粉多菌灵,交替喷雾好贮藏。

表1-2　防治苹果轮纹病使用药剂

通用名称(商品名称)	剂　型	使用方法
菌毒清	5%水剂	冬季刮除树上粗皮,并用100倍液涂抹
氢氧化铜(可杀得)	53.8%干悬剂	1000倍液喷雾
多菌灵	40%悬浮剂	700倍液喷雾

苹果白粉病

【诊　断】

新梢嫩叶和花丛,感染白粉最严重。
叶片染病叶萎缩,逐渐枯死色变褐。
新梢生病最常见,叶片细长展叶慢;
顶梢紫红稍微曲,后期黑粒密集聚。
大树得病发芽晚,病梢节间呈缩短;
叶片狭长缘内卷,质地硬脆褐色显。

病重年份花丛害,花不发育结实败;
果实发病不常见,发病果面有病变;
白粉病斑生果面,落粉之后网锈斑。
四至九月都侵染,五至六月危害严。

【防　治】

清除病斑最关键,春剪修枝除病原;
发现病梢要重剪,病梢枝芽远果园。
病枝病芽集中烧,铲除菌源传播少。
芽前喷多抗霉素,现蕾时期用福星;
间隔十天喷一遍,杀死病菌保全年。

表1-3　防治苹果白粉病使用药剂

通用名称(商品名称)	剂　型	使用方法
多抗霉素	3%水剂	800倍液喷洒,发芽后发病轻
氟硅唑(福星)	40%乳油	6000倍液喷洒

苹果早期落叶病

【诊　断】

早期落叶分三种,灰褐轮纹和针芒。
病斑症状三类型,同心轮纹第一种;
病斑形状近圆形,轮纹明显是特征。
针芒病斑有特点,好似针芒四面散;
混合病斑形近圆,病斑往往连一片。
灰褐类型看颜色,不规病斑色灰褐。
轮纹病斑形略圆,多数生在叶边缘;
形状半圆褐色见,同心轮纹交错显;

病斑连接成大斑,轮纹病斑最常见。

五至六月才开始,七至八月大流行。

【防　治】

秋冬季节扫落叶,烧毁沤肥病菌灭。

合理修剪整树形,通风透光预防病。

农药保护不可少,高效低毒要记牢。

波尔多液谨慎喷,幼果用药果锈生;

绿得保剂可替代,提高防效无药害。

扑海因粉甲硫悬,农利灵粉百菌清;

发病初期始喷洒,连用三遍控病发。

五至六月雨水多,落叶病害发生早;

提前预防效果好,适时喷药最重要。

喷药关键两时期,五月中下第一次;

七月八月第二次,多雨提前干旱迟。

表1-4　防治苹果早期落叶病使用药剂

通用名称(商品名称)	剂　型	使用方法
碱式硫酸铜(绿得保)	30%悬浮剂	400～500倍液喷雾
异菌脲(扑海因)	50%可湿性粉剂	1200～1500倍液喷雾
甲基硫菌灵	36%悬浮剂	500～600倍液喷雾
乙烯菌核利(农利灵)	50%可湿性粉剂	1000～1500倍液喷雾
百菌清	75%可湿性粉剂	800倍液喷雾

苹果锈病

【诊　断】

苹果锈病有别名,羊胡子或赤星病。

苹果锈病多害叶,转主寄生很特别。
叶片初染黄绿点,扩大圆形橙黄斑;
病斑边缘红色显,手触病斑肥厚感;
发病两周仔细看,黄粒小点生斑面;
涌出黏液光泽艳,黏液干燥黑色现。
病斑背面有特点,背隆丛生黄细管;
干缩变为细丝丝,果农俗称羊胡子。
幼果染病斑近圆,初为橙黄后褐变;
病果生长开始停,病斑肉厚变坚硬。
幼苗嫩枝也发病,病斑色黄似梭形;
病部始隆后凹陷,凹陷龟裂易折断。

【防　治】

苹果锈病多害叶,转主寄生很特别;
桧柏圆柏和刺柏,果园周围不能栽。
如果桧柏难除净,剪去瘿瘤全烧毁;
春季桧柏喷药液,杀死菌孢防危害。
大生甲硫可湿粉,树芽萌动喷均匀;
石硫合剂最常用,雨后要用粉锈宁。

表1-5　防治苹果锈病使用药剂

通用名称(商品名称)	剂　型	使用方法
代森锰锌(大生)	40%可湿性粉剂	8000～10000倍液均匀喷雾
甲基硫菌灵	50%可湿性粉剂	600～700倍液于花前、花后各喷1次
石硫合剂	45%晶体	40～80倍液喷施果树枝干
三唑酮(粉锈宁)	20%乳油	2500倍液花前喷雾,幼果期喷雾易产生药害

苹果花腐病

【诊　断】

叶花幼果均感染,花朵幼果最常见;
展叶三天生叶腐,最终病延叶基部。
叶片染病生尖端,边缘出现小褐斑;
病叶腐烂重凋萎,湿时产生灰白霉。
花腐症状两类型,花蕾腐烂褐枯萎;
叶霉蔓延染花丛,花丛基部染花梗。
果腐病原始柱头,菌入柱头胚囊中;
果实豆大病状显,褐色病斑生果面;
褐色黏液往外溢,发酵气味窜入鼻。

【防　治】

萌芽展叶最关键,低温多雨是条件;
低温花期往后延,减少侵染常清园。
花枝病残要除掉,合理修剪增光照;
秋翻果园很重要,地面喷药菌灭消。
加强管理增肥料,提高抗性染病少。
发芽开花要用药,农利灵粉效果好;
石硫合剂杀毒矾,代森铵液效果显。

表1-6　防治苹果花腐病使用药剂

通用名称(商品名称)	剂　型	使用方法
乙烯菌核利(农利灵)	50%可湿性粉剂	1000~1500倍液喷雾
石硫合剂	45%晶体	萌芽期30倍液喷雾,初花期300倍液喷雾

通用名称(商品名称)	剂　型	使用方法
噁霜锰锌(杀毒矾)	64%可湿性粉剂	400～500倍液喷雾
代森铵	50%水剂	700～800倍液喷雾

苹果干腐病

【诊　断】

干腐腐烂易混淆,掌握规律最重要。
腐烂病害主干多,干腐病害侧枝多。
干腐病斑有特点,颜色灰褐病斑干;
病健裂纹很明显,密小黑点病斑生。
腐烂病斑多主干,树干主杈也感染;
病斑深褐呈凹陷,仔细分辨好诊断;
病健交界不翘皮,小黑点比干腐稀。
干腐病斑常翘起,多在枝干不规则;
许多病斑连成片,组织坏死皮层烂;
深达木质速扩展,整个枝干枯死干。
大树受害有特征,病斑散生斑面湿;
病部溢出浓茶液,随后失水疤变裂。

【防　治】

保护树体不能忘,避免操作机械伤。
发现伤口把毒消,促进伤口愈合早;
常用碱式硫酸铜,治疗保护用王铜。
发现病疤及时刮,防止病部再扩大;
喷药保护不可少,预防在前防效好。

表 1-7 防治苹果干腐病使用药剂

通用名称	剂型	使用方法
碱式硫酸铜	30%悬浮剂	600～800 倍液喷雾
王铜	30%悬浮剂	400～500 倍液喷雾

苹果花叶病毒病

【诊　断】

花叶病毒系统染,病株全身症状显。
常见症状在叶片,砧穗带毒传染源。
病初出现黄斑点,或轻或重黄白间;
有的病叶生黄环,有的叶脉把色变;
黄色网纹布叶面,病重落叶大减产。
锈果症状有特征,锈斑开始生果顶;
顺沿果面到果柄,不成商品难食用。
继续发展有特点,几条锈斑生果面;
相对心室多展现,颜色变褐呈木栓;
病斑上生小裂纹,纵横交错是特征。
花脸症状很单一,果面着色红黄绿;
颜色相间不均匀,病状明显有块斑。
锈果花脸有时混,症状特征很难分。

【防　治】

花叶锈果病毒染,砧穗嫁接带病原。
梨是锈果毒寄主,苹果园中禁梨树。
采集接穗要慎重,多年观察再应用。
发现病苗连根铲,防止传播无后患。
苗木外调严检疫,有毒果区要远离。

病毒 A 或植病灵,间隔七天轮换用。

表1-8　防治苹果花叶病毒病使用药剂

通用名称(商品名称)	剂　型	使用方法
盐酸吗啉胍·铜(病毒 A)	24%水乳剂	600 倍液喷雾
十二烷基硫酸钠(植病灵)	1.5%乳剂	1000 倍液喷雾

苹果黑星病

【诊　断】

黑星病害危害多,叶片嫩枝和花果。
叶片发病生病斑,病斑多显叶正面;
病斑形色有特点,放射状或淡黄圆;
色渐显褐后变黑,病斑周围边缘显;
危害严重叶小卷,数斑融合叶枯干。
叶花柄梗被侵染,幼果花果全落完。
幼老熟果病可感,病斑初圆色淡黄;
渐变褐色后黑转,绒状霉层表面现;
果实生长斑凹陷,随后硬化龟裂产。

【防　治】

加强检疫严把关,防止外菌入果园。
清扫果园很重要,病残叶果集中烧。
喷药保护不可少,药品轮换防效好;
绿得保剂代森锌,甲硫湿粉苯菌灵。

表 1-9　防治苹果黑星病使用药剂

通用名称(商品名称)	剂　型	使用方法
碱式硫酸铜(绿得保)	30%悬浮剂	300~500 倍液喷雾
代森锌	65%可湿性粉剂	800 倍液喷雾
甲基硫菌灵	70%可湿性粉剂	1000 倍液喷雾
苯菌灵	50%可湿性粉剂	800 倍液喷雾

苹果银叶病

【诊　断】

银叶病菌染枝干,根干枝条木质变;

木色变褐有腥味,病初枝上薄纸皮;

后期病皮龟裂缩,覆生瓦状木质蘑。

木质菌丝内蔓延,产生毒素入导管;

毒随导管送叶片,叶色变灰银光闪;

病菌孢子伤口染,春秋雨季病易感。

【防　治】

整形修剪伤口护,伤口消毒莫延误。

发现病原早除掉,病残枝干及时烧。

洁净果园好处多,杨柳残枝不可要。

药剂防治有办法,基干打孔埋药丸。

发现伤口药涂抹,四零二剂好效果。

表 1-10　防治苹果银叶病使用药剂

通用名称(商品名称)	剂　型	使用方法
乙蒜素(抗菌剂 402)	70%乳剂	500 倍液涂抹

苹果炭疽病

【诊　断】

六至九月均可生,七至八月危害盛。
成熟果实多表现,病斑开始小褐点;
逐渐扩大圆褐斑,边缘清晰中凹陷;
果肉变褐后腐烂,同心轮纹显果面。
轮状黑点孢子盘,湿时分泌红黏斑。
炭疽轮纹莫混淆,掌握特点分辨好。
炭疽斑褐且凹陷,轮纹清晰无黑点。

【防　治】

刺槐不植园周围,多施农肥增肥力;
合理修剪增光照,病残果枝早除掉。
幼果时期喷药保,优选农药要记牢;
炭特灵油首先用,仙生科博或倍生;
安全间隔十多天,科学配制喷三遍。

表1-11　防治苹果炭疽病使用药剂

通用名称(商品名称)	剂　型	使用方法
溴菌腈(炭特灵)	25%乳油	400～500倍液喷雾
锰锌·腈菌唑(仙生)	62.25%可湿性粉剂	600～800倍液喷雾
波尔·锰锌(科博)	78%可湿性粉剂	700倍液于落花后半个月开始喷药
苯噻氰(倍生)	30%可湿性粉剂	2000倍液均匀喷雾,兼有保护和治疗作用

苹果褐腐病

【诊　断】

贮藏后期病出现,果面初现小褐斑;
病斑迅速向外展,高温条件快腐烂;
染病果肉似海绵,手捏感觉很松软;
同心灰白轮纹现,绒球菌丝是特点。
树上染病亦可见,病果早期落地面;
病后失水呈缩干,进而变僵黑色显。

【防　治】

秋末冬初清果园,捡拾病果少侵染。
花前花后喷药保,甲硫湿粉绿得保;
农利灵粉多菌灵,轮换使用好效应。

表1-12　防治苹果褐腐病使用药剂

通用名称(商品名称)	剂　型	使用方法
甲基硫菌灵	70%可湿性粉剂	1000~1200倍液喷雾
碱式硫酸铜(绿得保)	30%悬浮剂	300~500倍液喷雾
乙烯菌核利(农利灵)	50%可湿性粉剂	1000倍液喷雾
多菌灵	50%可湿性粉剂	400~500倍液喷雾

苹果霉心病

【诊　断】

霉心病菌很奇怪,果实表面不危害;
仔细分辨有四类,一类病害限果内;

心室腐烂生菌霉,菌落色多呈灰黑。

二类整果全腐烂,病从心室向外展;

果心变空呈缩干,心室霉菌橘红显。

三类局部生病斑,贮藏期间始可见;

病斑只限在心室,色呈褐淡青润湿。

四类症状小病斑,断条褐斑心室限;

此类症状有特点,病斑局限不外展。

【防　治】

秋末早春土深翻,清洁果园除病原。

甲硫大生多霉灵,轮换喷施有作用。

成熟采收多费心,碰伤挤压要严禁。

入窖贮藏讲科学,温湿环境经常调;

贮果老窖把毒消,杀灭菌源危害少。

表 1-13　防治苹果霉心病使用药剂

通用名称(商品名称)	剂　型	使用方法
甲基硫菌灵	70%可湿性粉剂	1000 倍液喷雾
代森锰锌(大生)	80%可湿性粉剂	800~1000 倍液喷雾
多·霉威(多霉灵)	50%可湿性粉剂	1000 倍液均匀喷雾

苹果痘斑病

【诊　断】

痘斑采收多出现,入窖贮藏也发展。

开始病状为黑点,或疏或稀小点斑。

病初皮色褐色变,周围出现红晕圈;

病点中心组织陷,继续发展呈痘斑;

斑下果肉似海绵,果顶向阳可多见;
病重痘斑数目多,紫红晕圈多愈合。
贮藏期间腐菌染,管理不好果易烂。

【防　治】

缺乏钙素为主因,氯化钙液及时用。

表 1-14　防治苹果痘斑病使用药剂

通用名称	剂　型	使用方法
氯化钙	8%溶液	150～200 倍液喷施

苹果水心病

【诊　断】

水心病害有别名,果农多称蜜果病。
诊断蜜果要剖果,果心附近病状多。
病部果肉质地硬,汁液外渗半透明;
有时症状外扩散,果实维管四周显。
病果出现水渍斑,严重扩展果表面。
细胞间隙充水多,酸量少而糖量高。
乙醇积累带酒味,病组败坏色变褐。
钙氮元素不平衡,果肉多积梨糖醇。
延迟采收近成熟,温差过大易发生。

【防　治】

增施磷肥病害轻,喷施比久有作用;
有机农肥要多增,平衡营养病可控。

表 1-15　防治苹果水心病使用药剂

通用名称	剂　型	使用方法
比　久	85%可溶性粉剂	盛花期后 3 周或采前 8 周用 500～1000 倍液喷雾

苹果缩果病

【诊　断】

苹果缩果属缺硼,果面凹凸很不平。
病果先生黄圆斑,果表分泌黄液黏;
皮下果肉褐枯变,松软下陷似海绵;
发育畸形不美观,生长后期常多见。
钾多春旱易缺硼,沙地土瘠硼淋溶;
石灰土壤硼固定,弄清原因再对症。

【防　治】

多施农肥改土壤,硼肥施用要适量。
硼砂溶液花期用,间隔七天两遍喷。

表 1-16　防治苹果缩果病使用药剂

通用名称	剂　型	使用方法
硼　砂	95%晶体	按 0.3%～0.5%于花前花后各喷 1 次

苹果黄叶病

【诊　断】

黄叶病害属缺铁,症状出现幼嫩叶。
病始叶肉先变黄,叶脉仍绿网纹状;
严重失绿满叶片,黄白颜色整叶显;

病叶边缘变枯焦,全叶枯死落得早。
盐碱地上建果园,黄叶病害多呈现;
低洼果园土黏重,排水不良多病症。

【防　治】

加强管理改土壤,减少地表含盐量;
黏重土壤水适量,叶面喷肥要恰当;
硫酸亚铁树干射,叶面喷施螯合液。
配制溶液要准确,浓度过大生药害。

表1-17　防治苹果黄叶病使用药剂

通用名称	剂　型	使用方法
硫酸亚铁	95%晶体	按0.05%~0.08%的浓度枝干注射

苹果小叶病

【诊　断】

苹果小叶病因多,土壤偏碱含磷高;
腐殖酸锌含量少,连续修剪多重缩;
盐碱严重土瘠薄,诱发病害为主因。
春季萌芽症状显,病梢发芽比较晚;
枝梢抽叶生长滞,叶小细长呈叶簇;
病枝节间明显短,其上叶簇丛状现。
病枝花芽花朵小,营养不足难坐果。

【防　治】

增施农肥改土壤,平衡养分最为上;
硫酸锌肥科学用,关键时期要记准;
芽前半月洒枝干,花后三周喷叶面。

秋季基肥施土壤,每株一斤最大量。

表1-18 防治苹果小叶病使用药剂

通用名称	剂　型	使用方法
硫酸锌	溶　液	芽前半个月喷施3%～5%硫酸锌;花后3周用0.2%硫酸锌加0.3%～0.5%尿素喷施叶面

苹果枝溃疡病

【诊　断】

病菌仅害树枝干,三年生枝多感染。

溃疡病疤枝干显,初期疤部褐圆斑;
梭形病斑后呈现,边缘隆起中凹陷;
病斑四周及中间,裂缝翘起很显眼。
天气阴郁气候变,粉白霉状孢子座;
裂缝四周成堆着,其他病菌也不少;
红粉黑腐病菌多,黑色颗粒能看到。
后期病疤死皮脱,木质出外呈裸露;
四周边缘观仔细,愈伤组织已隆起。
翌年病菌再外延,梭形病斑继续展;
同心轮纹状出现,年复一年扩成圈;
越往中央越凹陷,被害枝干易压断。
冬暖雪少春雨多,发病条件正适合;
果园低温土黏重,排水不良利发病;
氮肥过多长势旺,溃疡病菌感枝上。

【防　治】

抗病品种优先选,综合技术理当先。

病树病枝和病斑，及时清除不拖延。

远离果园防病传，集中烧毁连根铲。

落叶前后最关键，喷药防止再侵染；

腐殖酸铜加瑞农，王铜悬剂保果灵；

参看商标阅说明，科学配制好效应。

表 1-19　防治苹果枝溃疡病使用药剂

通用名称(商品名称)	剂　型	使用方法
腐殖酸铜	2.2%水剂	每平方米病疤涂 200 毫升
春雷氧氯铜(加瑞农)	47%可湿性粉剂	470～750 倍液在病害发生初期喷雾
王　铜	30%悬浮剂	在果树生长中后期，用 400～500 倍液喷雾
碱式硫酸铜(保果灵)	30%悬浮剂	600～800 倍液喷雾

苹果赤衣病

【诊　断】

此病危害寄主广，苹果柑橘梨和桑。

危害苹果地上身，主枝侧枝受害重；

枝干受害症状明，危害位置有特征。

粉红薄霉盖一层，此病因此而得名。

被害枝干初期状，背光树皮不一样；

上见很细白色网，边缘常呈羽毛状；

逐渐变化新病症，白色脓疱生网中。

次年春天病状变，病疤边缘向光面；

橙红痘疮小泡显，小泡散生或相连；

形状长条成纵向,粉红霉覆病疤上;
边缘白色羽毛状,霉层龟裂小块样。
遇见雨水被冲掉,后期病皮裂剥光。
降雨多少尤重要,多雨有利菌传播。

【防　治】

科学栽培重管理,土壤黏重应排水。
改良土壤种绿肥,剪除病枝早烧毁。
灭菌主要在芽前,石灰水液涂主干。
喷药保护好效应,科博大生和福星。

表 1-20　防治苹果赤衣病使用药剂

通用名称(商品名称)	剂　型	使用方法
波尔·锰锌(科博)	78%可湿性粉剂	700 倍液于落花后半个月开始喷药
代森锰锌(大生)	80%可湿性粉剂	800～1000 倍液喷雾
氟硅唑(福星)	40%乳油	7000～8000 倍液均匀喷雾

苹果圆斑根腐病

【诊　断】

北方果区危害重,群众称为烂根病。
寄主果树种类多,梨桃葡萄和苹果。
危害症状三方面,青干叶枯和萎蔫。

(1)叶枯型

病势发展很缓慢,青干症状恰相反;
春季不旱状不显,枯焦叶尖和边缘;
中间部分正常好,病叶不会快落早。
干旱缺肥根系变,土壤板结或盐碱;

结果过多杂草生,大年小年病害重。

（2）青干型

气温较高春季旱,病发较快根部烂;
病株叶片失水干,失水青干始叶缘;
也有沿脉向外展,青干健叶分界线;
红褐晕带很明显,严重干叶脱落完。

（3）萎蔫型

病斑芽后症状显,枝条生长发育缓;
叶片向上呈缩卷,颜色淡而色泽浅;
叶簇表现呈萎蔫,新梢抽出生长难;
花蕾不开呈皱缩,或者开花不坐果;
枝条皱缩已失水,表皮死翘成油皮。

【防　治】

增施农肥改土壤,增强树势抗性强。
深翻土壤根系旺,合理浇水不缺墒。
科学修剪产量稳,大年小年控制严。
苹果萌芽和夏末,土壤消毒好效果;
甲硫或多菌灵粉,立枯磷油苯菌灵;
配好浓度灌根部,轮换使用好效应。

表1-21　防治苹果圆斑根腐病使用药剂

通用名称（商品名称）	剂　型	使用方法
甲基硫菌灵	70%可湿性粉剂	1000倍液灌根
多菌灵	50%可湿性粉剂	600倍液灌根
甲基立枯磷（立枯磷）	20%乳油	1200倍液浇灌
苯菌灵	50%可湿性粉剂	1500倍液灌根

苹果根朽病

【诊　断】

病树地上症状现，全株局部枝叶变。
叶片变小又变薄，下上渐黄甚脱落。
新梢变短结果多，味道不好果型小。
根颈主根易感染，主干主根上下延；
造成环割株死完，感病部位有特点。
扇形菌丝已充满，菌丝白色转淡黄；
皮层木质之间看，蘑菇气味鼻中窜。
新鲜病组菌丝层，黑处发光蓝绿荧；
皮层组织多分离，发病初期皮烂溃；
后期木质多腐朽，皮层时节病根露。

【防　治】

苗木定植看接口，接口要在土表露。
果园地下水位高，开沟排水要做到。
创造环境先预防，防止病菌多蔓延。
刺槐不做防护林，减少病菌再入侵。
增施钾肥根系旺，抗病能力易增强。
根状菌索土壤传，防止病株多蔓延。
果园病株始发现，立即防治再传染。
病株围沿挖一圈，一半深沟封锁严；
发现菌核急灭完，农药灭菌控病原。
甲硫或多菌灵粉，配好浓度灌根颈。

表 1-22　防治苹果根朽病使用药剂

通用名称	剂　型	使用方法
甲基硫菌灵	70%可湿性粉剂	1000 倍液灌根
多菌灵	50%可湿性粉剂	600～800 倍液灌根

苹果白绢病

【诊　断】

危害植物有好多,梨桃葡萄和苹果。
果树感病根茎烂,距离地表多表现。
发病初期显病症,白色菌丝根颈生;
水渍褐斑现表皮,菌丝生长再继续;
白色菌丝似丝绢,直至根茎覆盖完。
潮湿菌丝能蔓延,病部周围地面见;
病部继续再发展,根茎皮层变腐烂;
酒糟气味鼻中窜,褐色汁液溢病斑;
后期病部有特征,病部附近也裂缝;
长出菜子状菌核,颜色棕褐或茶褐。
叶片发黄果实小,枝条节间已短缩。
茎基皮层变腐烂,病斑环绕其树干。
夏季高温阻导管,病树突然枯死完。

【防　治】

抗病砧木首先选,病区定期病情检。
白绢病害若发现,刀具刮除根颈斑;
必要之时药喷淋,甲硫湿粉立枯灵。

表 1-23　防治苹果白绢病使用药剂

通用名称(商品名称)	剂　型	使用方法
甲基硫菌灵	50%可湿性粉剂	800 倍液喷洒
恶霉灵(立枯灵)	15%水剂	100 倍液灌根

苹果白纹羽病

【诊　断】

危害寄主有好多,梨杏葡萄和苹果。
果树染病树势弱,引起植株枯死掉。
病始细根先腐烂,主根侧根再扩展;
灰白丝网根缠绕,后期烂根组织消;
木质外层栓皮鞘,有时出现黑菌核;
薄绒状物出根面,灰白灰褐颜色现;
新根软组先侵染,粗大根系再渐延。

【防　治】

病株病区封锁严,防止病害再蔓延。
栽培管理要加强,施肥技术用配方。
病根全部应清除,波尔多液涂保护。

表 1-24　防治苹果白纹羽病使用药剂

通用名称	剂　型	使用方法
波尔多液	石灰等量式(1:1:100)	涂　抹

苹果紫纹羽病

【诊　断】

危害寄主比较多,梨桃葡萄和苹果。
病株地上变化显,叶片黄化和变小;
枝条多节节间缩,植株生长呈衰弱。
苹果中脉和叶柄,表现特点红色型;
根部小根始感染,渐向大根再蔓延;
病势发展较缓慢,病株多年才死完。
病根初期症状显,形成不定黄褐斑;
菌丝膜盖病根面,形如毛状紫色现;
紫色半球状菌核,有时病根表面着;
后期病根皮层朽,最后木质腐烂掉。

【防　治】

无病苗木首先选,果园管理应加强。
合理修剪疏花果,调节果树负载量。
药剂防治代森铵,杀菌王水把根灌。

表 1-25　防治苹果紫纹羽病使用药剂

通用名称(商品名称)	剂　型	使用方法
代森铵	50%水剂	400~500 倍液涂抹伤口消毒
氯溴异氰尿酸(杀菌王)	50%水溶性粉剂	1000 倍液浇灌根部

第二章　梨病害诊断与防治

梨锈病

【诊　断】

梨树锈病有别名，羊胡子和赤星病。
主害果实和叶片，新梢也常把病染。
叶面发病显小斑，斑色黄橙光泽见；
以后扩展形近圆，中部橙色黄晕圈；
病健交界能分辨，斑面密生小黄点；
淡黄黏液溢外面，黏液干后点变黑；
病组正面呈凹陷，背部隆起灰毛产。
成熟之后先端裂，黄褐粉末散出来。
病斑多时株体看，早期落叶症状显；
果实早落危害重，新梢果柄叶柄看；
病部龟裂易折断，记住症状防不难。

【防　治】

桧柏龙柏梨园禁，桧柏病瘿剪除净。
石硫合剂芽前喷，开花期间应避免。
粉锈宁粉绿得保，防治此病效果好。
倍数浓度记心间，间隔十天防三遍。

表 2-1　防治梨锈病使用药剂

通用名称(商品名称)	剂　型	使用方法
石硫合剂	45%晶体	300 倍液芽前喷雾
三唑酮(粉锈宁)	20%可湿性粉剂	1000 ~ 1500 倍液,隔 15 天喷 1 次
碱式硫酸铜(绿得保)	30%悬浮剂	300 ~ 500 倍液喷雾

梨褐斑病

【诊　断】

褐斑病害有别名,又称叶斑和斑枯。
此病危害很普遍,主害果实和叶片。
叶片染病点状斑,灰白颜色病初显;
以后扩大紫边缘,病斑产生黑粒点;
严重病斑连成片,叶片坏死或黄变。
果实染病与叶像,后随发育稍凹陷;
颜色变褐不堪食,经济价值不再现。

【防　治】

烧毁残体洁田园,减少病原最关键。
加强管理树势强,提高抗性病能防。
花后喷药最佳期,甲硫或多菌灵粉;
井冈多菌灵悬剂,克菌丹粉绿得保。

表 2-2　防治梨褐斑病使用药剂

通用名称(商品名称)	剂　型	使用方法
甲基硫菌灵	70%可湿性粉剂	1000 倍液喷雾
多菌灵	50%可湿性粉剂	600 ~ 800 倍液均匀喷雾
井冈·多菌灵	40%悬浮剂	800 倍液花前喷雾
克菌丹	50%可湿性粉剂	800 倍液喷雾
碱式硫酸铜(绿得保)	30%悬浮剂	300 ~ 500 倍液喷雾

梨叶疫病

【诊　断】

叶疫又叫叶腐病,主害叶片和果实。

叶片染病幼叶先,两面产生点状斑;

略带红色至紫色,病斑扩大变黑褐;

褪绿晕圈有时产,病斑融合症状重;

致叶坏死黄落变,树冠下部落叶见;

果实成熟树顶看,少量叶片生顶端。

果实染病像叶片,随着果大斑凹陷。

新梢染病紫黑点,翌年全部脱落完。

二年枝条寻找遍,病斑全都看不见。

【防　治】

清除残体梨园洁,运出园外要深埋。

安克湿粉病初喷,克菌丹或代森锌;

代森锰锌百菌清,轮换使用好效应。

表2-3　防治梨叶疫病使用药剂

通用名称(商品名称)	剂　型	使用方法
烯酰·锰锌(安克)	80%可湿性粉剂	600倍液喷雾
克菌丹	50%可湿性粉剂	600~800倍液均匀喷雾
代森锌	65%可湿性粉剂	500~600倍液均匀喷雾
代森锰锌	70%干悬剂	500倍液喷雾
百菌清	75%可湿性粉剂	800倍液喷雾

梨裂果病

【诊 断】

裂果主害果枝干,幼果染病红阳面;
果肉逐渐木质变,导致果实开裂全;
裂口果肉黑缩干,湿大多雨病伤染。
枝干染病枝梢干,梢尖叶片紫红变;
叶窄皱缩或曲卷,叶缘焦裂症状重;
病枝褐色红褐转,光泽丧失很难看。

【防 治】

梨园管理要加强,水肥均衡保营养;
科学修剪株体壮,调节坐果高产量。
腐烂黑星和日灼,及时防治早喷药。
比久溶液效果好,配制浓度要记牢。

表2-4 防治梨裂果病使用药剂

通用名称	剂 型	使用方法
比 久	85%可溶性粉剂	500毫克/千克喷洒

梨黑斑病

【诊 断】

新梢花果和叶片,生育期间均侵染。
幼嫩叶片最易感,针尖黑斑开始现;
最后扩大形近圆,微带轮纹紫色淡;
潮湿黑腐表面生,辨认病害是特征。

一年新梢受侵染，斑黑椭圆稍凹陷；
后变淡褐溃疡斑，病健交界裂纹现。
幼果染病黑斑圆，略微凹陷渐扩展；
黑色霉物长上边，果实长大裂果面；
病果早落霉不多，细菌侵入软化快。

【防　治】

抗病品种认真选，科学管理株体健。
多抗霉素扑海因，轮换应用防效明。
病前喷药是重点，石硫合剂喷芽前。
消灭越冬树菌源，套袋保护效果显。

表 2-5　防治梨黑斑病使用药剂

通用名称(商品名称)	剂　型	使用方法
多抗霉素	10%可湿性粉剂	1000～1500 倍液喷雾
异菌脲(扑海因)	40%可湿性粉剂	500 倍液喷雾
石硫合剂	45%晶体	300 倍液芽前喷雾

梨轮斑病

【诊　断】

轮斑又称大星病，主害果枝和叶片。
叶片染病小黑点，形状大小似针尖；
病斑圆形或近圆，颜色褐至黑色暗；
病斑轮纹很明显，潮湿背面黑霉产；
严重病斑成片连，导致叶片早落完。
新梢染病黑褐斑，长椭圆形稍凹陷。
果实染病形状圆，黑色凹斑生果面。

果实早落产量降,仔细管理防不难。

轮斑症状像黑斑,参看黑斑及早防。

梨黑星病

【诊　断】

危害寄主数不清,鳞片叶柄和叶片;
叶痕新梢花器看,果实也难把病免。
幼嫩组织全感染,主要特征病部观;
黑色霉层最明显,很像一层黑霉烟。
花序如若把病感,萼梗基部霉斑产。
叶簇基部受侵染,花序叶簇枯死蔫。
叶片染病先正面,褪色黄斑呈近圆;
辐射霉层叶背产,小叶脉上最明显。
新梢染病梭形斑,病部开裂疮痂显。
幼果染病多早落,或者木质生畸果。
大果染病疮痂多,疮痂凹陷生龟裂;
有的放射黑星点,病斑伤口易侵染;
腐生菌源最常见,导致全园都腐烂。

【防　治】

抗病品种要先选,清除病梢减菌源。
梨芽膨大开始防,尿素液加代森铵。
掌握浓度洒枝条,摘除病花和病梢。
五月中旬用环剥,环剥宽度把握好;
深达木质再用药,四环素片剥口填;
再用塑条包扎严,防治黑星奇效显。

药剂防治也关键,合理选用互轮换;
苯菌灵或敌力脱,福星湿粉百菌清;
特谱唑剂病初喷,防治黑星效突出。

表2-6　防治梨黑星病使用药剂

通用名称(商品名称)	剂　型	使用方法
苯菌灵	30%乳油	1000倍液喷雾
丙环唑(敌力脱)	25%乳油	1000倍液喷雾
氟硅唑(福星)	40%可湿性粉剂	发病初7000倍液均匀喷雾,防治效果突出
百菌清	75%可湿性粉剂	800倍液喷雾
烯唑醇(特谱唑)	40%乳油	8000～10000倍液喷雾

梨白粉病

【诊　断】

白粉主害老叶片,病斑形状似近圆;
白色粉物叶背面,一般一叶多病斑;
黄色小点斑中产,逐渐发生黑色变;
早期落叶病害重,新梢也能把病感。

【防　治】

清除残体减菌源,合理密植水适灌;
增施磷钾不偏氮,科学管理株体健。
花前花后速保利,仙生湿粉和信生;
药剂轮换效果显,石硫合剂喷芽前。

表 2-7　防治梨白粉病使用药剂

通用名称(商品名称)	剂　型	使用方法
烯唑醇(速保利)	12.5%可湿性粉剂	2000～2500倍液喷雾
腈菌唑(信生)	25%乳油	4000～5000倍液喷雾
锰锌·腈菌唑(仙生)	62.25%可湿性粉剂	600～800倍液喷雾
石硫合剂	45%晶体	300倍液芽前喷雾

梨轮纹病

【诊　断】

主害果实和枝干,一般较少害叶片。
侵害果实果腐烂,经济损失常很惨。
侵染枝干树势弱,或者整枝枯死完。
枝干染病从皮孔,椭圆褐斑略带红;
病斑中心硬而突,边缘龟裂很显著;
病健形成环沟缝,病组上翘马鞍形。
多个病斑若相连,表皮粗糙很难看。
果实染病有时段,近熟果实贮藏间;
皮孔侵入水褐斑,同心轮纹四周散;
几天之内全腐烂,烂果多汁常酸臭。
叶片受害圆褐斑,同心轮纹很明显;
色泽较浅黑点观,病斑多时叶落净。

【防　治】

休眠期间粗皮刮,杀菌药剂涂喷洒。
预测预报要做好,配方施肥抗性高。
新园选用无病苗,芽前喷药要记牢;
二硝基邻甲酚喷,铲除冬菌病不生;

福星乳油绿得保,菌立灭剂效果好;

以上药剂互轮换,间隔十天防三遍。

表 2-8　防治梨轮纹病使用药剂

通用名称(商品名称)	剂　型	使用方法
二硝基邻甲酚	70%可湿性粉剂	200 倍液均匀喷雾
氟硅唑(福星)	40%乳油	8000～10000 倍液均匀喷雾
碱式硫酸铜(绿得保)	30%悬浮剂	300～500 倍液喷雾
噻霉酮(菌立灭)	1.5%乳剂	800～1000 倍液在病害发生前 或发生初期均匀喷雾

梨树腐烂病

【诊　断】

腐烂又被称臭皮,主干主枝和侧枝;

还有小枝主根基,感染病菌最容易。

腐烂之处仔细观,枝杈部位向阳面。

初期稍隆水浸状,手按多数呈下陷;

轮廓形呈长椭圆,病组松软和糟烂;

红褐汁液溢外边,酒糟气味能闻见;

树皮一般不烂透,特殊情况细诊断。

进入生长病情减,干缩下陷很明显;

病健交界龟裂变,黑色小粒生表面。

春季溃斑活动停,入冬之后再扩展;

穿过木栓病症显,形成红褐坏死斑;

湿润病情再蔓延,导致树皮速腐烂。

【防　治】

抗病品种应分清,西洋梨多重感病;
鸭梨白梨发病轻,加强栽管控病情。
合理施肥并间作,细致修剪疏花果;
平衡大年和小年,调节负载保稳产。
生长季节适修剪,病桩残体清除完。
病变组织认真刮,刮净之后药剂洒;
腐烂敌粉菌毒清,连喷二遍病原净。
病初及时刮小斑,夏秋冬春是重点。
刮除深度看病变,刮后抹药记心间。
甲霜铜粉也可用,DT湿粉有效应。

表 2-9　防治梨树腐烂病使用药剂

通用名称(商品名称)	剂　型	使用方法
腐殖·福美胂 (腐烂敌)	23.5%涂抹剂	使用时稀释 10～20 倍,先用沸水溶解,放凉备用
菌毒清	5%水剂	200 倍液喷洒枝干
甲霜铜	40%可湿性粉剂	100 倍液涂抹病部
琥胶肥酸铜(DT)	50%可湿性粉剂	10 倍液涂抹

梨树干枯病

【诊　断】

分杈伤口或枝干,一般容易被感染。
病部特征很明显,颜色黑褐呈椭圆;
病健交界有界线,上面生有小黑点。

【防　治】

剪除病枝并销毁,加强管理抗性高。

发病苗木把毒消,腐烂敌液好疗效。
成株病斑应重刮,苯菌灵液病初洒;
腐烂敌液涂病疤,或硫磺多菌灵悬。

表 2-10　防治梨树干枯病使用药剂

通用名称(商品名称)	剂　型	使用方法
腐殖·福美胂(腐烂敌)	30%可湿性粉剂	30倍液消毒伤口和涂伤疤
苯菌灵	50%可湿性粉剂	800倍液喷雾
硫磺·多菌灵	40%悬浮剂	600倍液喷洒

梨树枝枯病

【诊　断】

枝枯主害弱枝梢,延长枝端果枝条。
褐斑无规稍凹陷,病部生出小黑点。
病皮龟裂脱落完,严重木质露外边。

【防　治】

增强树势是重点,科学管理首当先;
勤查梨园病枝剪,全园枯枝清除完。
甲硫湿粉克菌丹,间隔七天喷三遍。

表 2-11　防治梨树枝枯病使用药剂

通用名称	剂　型	使用方法
甲基硫菌灵	70%可湿性粉剂	800倍液喷雾
克菌丹	50%可湿性粉剂	800倍液喷雾

梨树干腐病

【诊　断】

北方梨树重要病，枝干果实易流行。

枝干染病皮层看，皮层变褐稍凹陷；

病枝发生枯死变，其上密生黑粒点。

主干染病症状见，初生轮纹溃疡斑；

病斑环干绕一圈，地上部分枯死完。

果实染病生轮斑，区分轮纹鉴病原。

苗木幼树把病染，树皮出现微湿斑；

状似长条色黑褐，枝条枯死或萎蔫；

病部失水呈凹陷，四周发生龟裂变；

黑粒小点生表面，记住特征好诊断。

【防　治】

栽培管理要加强，增施农肥树体壮。

清除残体要烧毁，生长期间药喷到。

绿得保剂百菌清，石硫合剂苯菌灵。

表 2-12　防治梨树干腐病使用药剂

通用名称（商品名称）	剂型	使用方法
碱式硫酸铜（绿得保）	30%悬浮剂	400 倍液喷雾
百菌清	75%可湿性粉剂	700 倍液喷洒枝干
石硫合剂	45%晶体	300 倍液芽前喷雾
苯菌灵	50%可湿性粉剂	1400 倍液喷雾

梨红粉病

【诊 断】

红粉主要害果实,初期病斑近圆形;
黑或黑褐凹斑生,果实很快呈褐软;
最后引起果腐变,果皮破碎粉霉生;
后期导致果腐烂,产量质量都下减。

【防 治】

此病预防是重点,采收过程碰伤免。
贮藏地点把毒消,药剂熏蒸配合到。
后期如若发病重,苯菌灵粉作用好;
混杀硫悬甲硫粉,防治两遍有效应。

表 2-13　防治梨红粉病使用药剂

通用名称	剂　型	使用方法
苯菌灵	50%可湿性粉剂	1500 倍液喷雾
混杀硫	50%可湿性粉剂	500 倍液喷雾
甲基硫菌灵	70%可湿性粉剂	1000 倍液喷洒 2 次

梨青霉病

【诊 断】

贮期果实受害重,病初病斑形近圆;
病斑呈现淡白色,果肉很快变腐烂;
由外向内深扩展,果肉软腐呈凹陷;
病健交界很明显,病果表面现霉斑。

菌丝初白后变色,青绿粉物呈堆生;

腐烂果实有特点,一股霉味扑面来。

【防　治】

机械伤口要避免,清除病果防传染。

贮藏地点消毒严,药剂熏蒸两三天;

硫磺原粉掺锯末,福尔马林好效果。

药剂防治贮藏前,多菌灵粉效应显。

表 2-14　防治梨青霉病使用药剂

通用名称(商品名称)	剂　型	使用方法
硫　磺	原　粉	2～2.5千克/100立方米掺和适量锯末,点燃后密封48小时
甲醛(福尔马林)	40%水剂	2%喷布熏蒸后密闭2～3天
多菌灵	50%可湿性粉剂	500倍液喷雾

梨炭疽病

【诊　断】

主害果实和枝条,生长中后果病感。

病初果面小圆斑,圆斑水浸浅褐色;

病斑扩大色深变,软腐下凹样难看;

表面颜色深浅间,同心轮纹很明显;

病表皮下多粒点,稍隆初褐后变黑;

病斑扩展果肉烂,或者直达果心间;

果实变褐苦味产,整果腐烂或僵干。

枯枝弱枝病多染,初生深褐小圆斑;

后成长条或椭圆,病斑中部呈凹陷;

皮层木质呈深褐，或者枯死失本色。

【防　治】

炭疽症状记心间，防治方法苹果看。

梨褐腐病

【诊　断】

此病主要害果实，病初症状现果面；
褐圆水渍小斑点，扩大病斑中央看；
灰白至褐绒霉长，同心轮纹排列状；
一周之内果全烂，后期病果失水干；
全部变成黑僵果，大多病果早期落；
也有个别枝头站，贮藏病果黑色斑。

【防　治】

果园管理要加强，适时采收减少伤。
石硫合剂喷花前，花后以及成熟间；
多菌灵粉可杀得，石硫合剂甲硫粉；
贮藏果实药浸泡，特克多悬效果好。

表 2-15　防治梨褐腐病使用药剂

通用名称(商品名称)	剂　型	使用方法
石硫合剂	45%晶体	300 倍液花前喷雾
多菌灵	50%可湿性粉剂	500 倍液喷雾
甲基硫菌灵	70%可湿性粉剂	1000 倍液喷洒 2 次
氢氧化铜(可杀得)	77%可湿性粉剂	500 倍液喷雾
噻菌灵(特克多)	45%悬浮剂	4000～5000 倍液浸果 10 分钟

梨牛眼烂果病

【诊　断】

皮孔周围圆平斑,或者病斑稍凹陷;

颜色浅褐中黄褐,腐烂组织硬挺坚;

病健组织分离难,病斑微小难分辨。

伤口果柄病也感,萼部一般也传染。

【防　治】

绿得保剂喷采前,可杀得粉效果显;

DT湿粉络氨铜,轮换喷洒好作用;

特克多悬果浸泡,晾干之后贮藏好。

表 2-16　防治梨牛眼烂果病使用药剂

通用名称	剂　型	使用方法
碱式硫酸铜(绿得保)	30%悬浮剂	400倍液喷雾
氢氧化铜(可杀得)	77%可湿性粉剂	500倍液喷雾
琥胶肥酸铜(DT)	50%可湿性粉剂	500倍液晚春早夏降雨时喷药
络氨铜	14%水剂	300倍液喷雾
噻菌灵(特克多)	45%悬浮剂	4000~5000倍液浸果10分钟

梨褐心病和心腐病

【诊　断】

褐心又称空心病,症状特点要记清。

果心部分生褐变,褐斑只在果心产;

有时延伸果肉间,组织衰败空心染;

病部组织空或干,能与心腐区别辨。
心腐别名好几种,记住特点控病生。
果心部分褐变软,病部只在果心限;
衰败组织软腐产,最后发生黑褐变。

【防　治】

包装箱上要穿孔,气调贮藏适调控;
迅速降温病害减,贮具消毒是重点;
多菌灵粉细喷洒,贮果之前用甲硫。

表 2-17　防治梨褐心病和心腐病使用药剂

通用名称	剂　型	使用方法
多菌灵	50%可湿性粉剂	200～300 倍液喷雾
甲基硫菌灵	70%可湿性粉剂	800 倍液浸果 10 分钟

梨黑蒂病

【诊　断】

洋梨品种主感染,危害果实是重点。
幼果期间病害产,萼洼周围症状现;
浸润晕环色褐淡,逐渐扩展色深变;
严重之时病斑产,果顶大半全被占;
病部黑色且坚硬,中央发生灰褐变;
有时若被杂菌感,霉菌之物长病面。

【防　治】

杜梨作砧应提倡,减少发病抗性强;
肥水管理科学化,树体健壮病少生。
药剂喷洒多菌灵,或硫磺多菌灵悬;

可杀得或可灭丹,以上药剂轮换用;
间隔十天喷三遍,提前预防不蔓延。

表 2-18　防治梨黑蒂病使用药剂

通用名称(商品名称)	剂　　型	使用方法
多菌灵	50%可湿性粉剂	500~600 倍液喷雾
硫磺·多菌灵	40 悬浮剂	500~600 倍液喷雾
氢氧化铜(可杀得)	77%可湿性粉剂	600 倍液喷雾
苯菌灵(可灭丹)	50%可湿性粉剂	800 倍液喷雾

第三章　葡萄病害诊断与防治

葡萄霜霉病

【诊　断】

叶片染病有特点,叶部症状透明伴;
油浸斑点边不清,颜色初呈黄绿淡;
最后扩展多角斑,湿大病斑融合完;
白色霉层生背面,严重病叶褐枯干。
新梢卷须把病感,表面也把白霉产;
病梢生长停或慢,扭曲干枯危害重。
花穗积露利侵染,小花花梗症状现;
初呈油渍小斑点,渐向淡绿黄褐变;
病部白霉看得见,花穗深褐落腐烂。
幼果病部硬下陷,长出白霉皱缩变;
果粒受害一大半,逐渐再向果梗延;
果实软腐脱落干,成熟果实危害减。

【防　治】

抗病品种应选好,美洲品种抗性高。
加强管理是前提,清除病残要牢记;
病枝病叶和病蔓,随时发现随时剪。
锄掉园中荒杂草,增施磷钾水排好。
根据测报喷药保,关键时期药喷到;
间隔半月防三遍,克露湿剂达科宁;

杀毒矾或露速净,以上药剂轮换用。

表 3-1 防治葡萄霜霉病使用药剂

通用名称(商品名称)	剂　型	使用方法
霜脲·锰锌(克露)	72%可湿性粉剂	600倍液喷雾
百菌清(达科宁)	75%可湿性粉剂	600倍液喷雾
噁霜锰锌(杀毒矾)	64%可湿性粉剂	700倍液喷雾
甲霜灵·锰锌(露速净)	58%可湿性粉剂	800倍液喷雾

葡萄炭疽病

【诊　断】

炭疽又叫晚腐名,果实腐烂主要病。
转色成熟症状现,果面产生小褐点;
后来扩大稍凹陷,轮纹黑点生表面。
遇湿长出粉红团,识别此病是重点。
严重病斑占果半,果粒布满褐病斑。
花穗期间炭疽染,顶端小花开始先;
穗轴花梗往下延,渐变黑褐并腐烂;
腐烂小花易脱落,湿大产生白菌物。
嫩梢叶柄果枝染,深褐病斑长椭圆。
果梗穗轴受害重,影响生长果粒缩。
叶片染病在叶缘,产生近圆褐斑暗。
湿大粉红孢子团,病斑少时落叶减。

【防　治】

抗病品种首先选,清除残体洁果园。
栽培管理要加强,科学施肥植株旺。

炭疽病害有特点,潜伏侵染最明显;
早期喷药危害减,提前预防最安全;
炭疽福美施保功,世高水粒施保克;
轮换使用好效应,间隔十天防三遍。

表 3-2　防治葡萄炭疽病使用药剂

通用名称(商品名称)	剂　型	使用方法
炭疽福美	80%可湿性粉剂	700～800 倍液于初花期喷雾
咪鲜胺锰盐(施保功)	50%可湿性粉剂	1500～2000 倍液喷雾,不能与碱性农药混用
苯醚甲环唑(世高)	10%水分散粒剂	1000～1500 倍液喷雾,不能与铜制剂混用
咪鲜胺(施保克)	25%乳油	对子囊菌和半知菌病害有效,1000 倍液喷雾

葡萄黑痘病

【诊　断】

黑痘危害很普遍,绿色嫩部易侵染。
萌芽生长均发生,春夏季节危害重。
幼果染病褐圆点,后扩圆或无规斑。
病斑中央灰白显,黑色小点生上边;
边缘具有紫晕圈,形似鸟眼状特点;
病斑多时相互连,后期硬化龟裂变;
病斑硬且果皮生,一般不入果肉间。
叶片染病褐斑圆,中央灰白清楚见;
星状开裂有孔穿,紫褐晕圈在外边。
幼叶染病叶脉看,叶脉皱缩畸形变。

新梢叶柄卷须蔓,感染呈现短条斑;

初呈褐色后变黑,中部龟裂且凹陷;

严重嫩梢生长滞,卷曲或者萎缩死。

【防　治】

因地制宜品种选,清除残体减菌源。

加强栽管少侵染,增施磷钾控制氮;

增强树势防徒长,合理留枝适通光。

药剂防治巧和早,花前半月喷世高;

代森锰锌和福星,龙克菌或施保功。

表3-3　防治葡萄黑痘病使用药剂

通用名称(商品名称)	剂　型	使用方法
苯醚甲环唑(世高)	10%水分散粒剂	1000～1500倍液喷雾
代森锰锌	50%可湿性粉剂	500倍液于初花期喷雾
氟硅唑(福星)	40%可湿性粉剂	8000倍液于花穗期喷雾
噻菌酮(龙克菌)	25%悬浮剂	1000倍液喷雾
咪鲜胺锰盐(施保功)	50%可湿性粉剂	1500～2000倍液喷雾

葡萄白腐病

【诊　断】

果穗枝梢受害严,有时还可害叶片。

近地果穗发病先,果梗或者穗轴看;

形成浅褐水渍斑,逐渐扩大成枯干。

果实染病初浅褐,变成水渍状腐烂;

最后全果速蔓延,果穗干枯缢缩完。

果病一周深褐变,密生灰白小粒点。

发病严重穗先烂，振动病果落地面；
干僵果穗枝上吊，一个冬天也不落；
这个特点记心间，诊断白腐最关键。
枝蔓染病伤口检，病斑水渍红色淡；
边缘深褐两端展，后变暗褐呈凹陷；
灰白小点生表面，病斑绕枝一周圈。
叶片染病始尖缘，初生黄褐水渍斑；
叶中扩展特征产，大型褐斑形近圆；
同心轮纹不明显，灰白小点生斑面；
近叶脉处分布满，病组干枯易破穿。

【防　治】

栽培措施应改善，喷药保护除菌源。
因地制宜品种选，综合防治是关键。
病初喷洒苯菌灵，富力库油甲硫粉；
敌力脱或百菌清，间隔十天三遍用。

表 3-4　防治葡萄白腐病使用药剂

通用名称(商品名称)	剂　型	使用方法
苯菌灵	50%可湿性粉剂	1500 倍液于病初喷雾
戊唑醇(富力库)	25%乳剂	2000 倍液喷雾
甲基硫菌灵	70%可湿性粉剂	800 倍液喷雾
丙环唑(敌力脱)	25%乳油	1000～1500 倍液喷雾
百菌清	75%可湿性粉剂	600～800 倍液喷雾

葡萄白粉病

【诊　断】

北方旱区危害重,幼嫩器官受害全。

新梢果实和叶片,展叶期间症状见;

叶面叶背小斑产,颜色褪绿或白斑;

病斑逐渐再扩展,粉白霉斑生表面;

严重全叶都遍布,叶片卷缩或枯干。

嫩蔓染病白小斑,后随病势扩展延;

灰白粉斑渐渐变,变为无规大褐斑。

果实染病有特点,上覆一层白粉面;

病部表皮变为褐,或者紫褐灰黑色。

局部发育呈停滞,导致果实变畸形;

穗轴果实生脆变,记清症状防不难。

【防　治】

清除残体洁田园,石硫合剂杀菌源。

百里通粉特富灵,福星湿粉好效应;

以上药剂互轮换,间隔十天防三遍。

表 3-5　防治葡萄白粉病使用药剂

通用名称(商品名称)	剂　型	使用方法
石硫合剂	45%晶体	休眠期按 3~5 波美度喷洒
三唑酮(百里通)	25%可湿性粉剂	3000 倍液喷雾
氟菌唑(特富灵)	30%可湿性粉剂	5000 倍液喷雾
氟硅唑(福星)	40%可湿性粉剂	8000 倍液于花穗期喷雾

葡萄灰霉病

【诊　断】

花穗果实及叶片,全都容易受侵染。

果穗染病有特点,状似水渍褐色淡;

很快发生暗褐变,潮湿果穗灰霉产;

湿大腐烂速扩展,整个果穗损失掉。

如果入侵感病早,果实干腐脱落完。

新梢叶片把病感,产生不规淡褐斑;

有时轮纹不明显,稀疏灰霉生上边。

熟果果梗受害全,褐色凹斑生果面;

整个果实软腐完,果梗颜色全变黑;

黑色菌核病部产,细查早防危害减。

【防　治】

清除残体洁果园,增施磷钾适控氮。

花前喷洒速克灵,农利灵粉扑海因;

多霉灵粉甲硫粉,防治灰霉有效应。

表 3-6　防治葡萄灰霉病使用药剂

通用名称(商品名称)	剂　型	使用方法
腐霉利(速克灵)	50%可湿性粉剂	2000～2500 倍液于花前喷雾
乙烯菌核利(农利灵)	50%可湿性粉剂	1500 倍液喷雾
异菌脲(扑海因)	50%可湿性粉剂	1500～2000 倍液喷雾
多·霉威(多霉灵)	50%可湿性粉剂	1500～2000 倍液喷雾
甲基硫菌灵	70%可湿性粉剂	800～1000 倍液喷雾

葡萄花叶病毒病

【诊　断】

染病植株矮小弱,春季叶片黄化变;
并且散生褪绿斑,绿斑常受叶脉限;
进入盛夏斑隐藏,或者变得不明显;
导致叶片皱缩变,秋季新叶绿斑现。
花叶病毒危害重,品质产量影响全。

【防　治】

加强检疫是根本,脱毒种苗控病生。
防止田间把病传,接穗砧木选在前。
土壤消毒把虫防,田间管理要加强。

葡萄黄脉病

【诊　断】

(1)加利福尼亚株系

黄脉叶上生小点,斑点分布叶脉缘;
春季先呈黄色变,夏季变为白色淡。
初期症状像扇叶,果穗上部果粒僵;
病株产量多下降,品质也会受影响。

(2)纽约株系

植株如若把病感,株体矮化特明显;
叶小而且不规则,有时还呈扇形样;
幼叶上有褪绿点,植株结果数量减。

(3)安大略株系

叶片黄化且曲卷,茎蔓丛生节间短;
造成严重产量减,认真防治控病延。

【防　治】

植物检疫要抓严,防止病害传播延。
有效措施记心间,无病毒苗是重点。

葡萄卷叶病

【诊　断】

卷叶发生很普遍,发病基因病毒感。
病株叶片有特点,叶从叶缘下反卷。
所有品种受侵染,症状差异很明显。
春季症状不显眼,只是病株萌发慢。
夏季症状逐渐产,蔓基成叶清楚见;
反卷病叶卷脆变,夏到秋初渐蔓延。
红色品种基叶片,叶片脉间淡红斑;
扩大愈合斑驳现,随着病情而扩展;
基部病叶红色暗,只有叶脉绿不变。
白色品种不红叶,稍有褪绿叶脉间;
病叶厚脆缘下卷,病株果穗着色浅。
红种病穗不正常,或者变为白色黄;
白种果常绿色浅,病穗颜色黄白现。
植株染病果不健,着色不良熟期延。

【防　治】

无毒木本园建好,严格选用无毒苗。
脱毒采用热处理,脱毒苗子应检测。

夏秋季节做调查,发现病株挖销毁。

葡萄缺硼症

【诊　断】

新梢子房和叶片,全部都把病症显。
开花之前看梢尖,附近卷须黑色变;
并呈结节状肿大,然后坏死被引发。
开花冠帽不落完,有的脱落花歪斜;
无核小果子房形,脱落或者不结实。
中部多在上叶片,副梢各个叶脉间;
叶缘出现褪绿斑,重者畸变焦叶缘;
七月中下落叶片,能与缺镁区分辨。

【防　治】

根瘤蚜及羽纹病,一定及时来防治。
熟施农肥用配方,三月中下施硼砂。
花后半月硼酸洒,半量石灰里边加。

表 3-7　防治葡萄缺硼症使用药剂

通用名称	剂　型	使用方法
硼　砂	95%晶体	在树干 30~90 厘米处,洒施 34%~48%药液 25~28 克,隔 3 年 1 次
硼　酸	95%晶体	花后半个月喷洒 0.3%药液,并加入半量石灰

葡萄缺铁症

【诊　断】

症状初在幼叶现，幼叶黄化在脉间，
叶片颜色呈青黄，新梢生长少而慢，
花穗穗轴色黄浅，坐果数量全部减。
较早发病老叶片，颜色恢复特别缓。
缺铁症状若改变，新梢生长绿色转。

【防　治】

果园管理要加强，水流距离要延长。
增施农肥松土壤，降低土中含盐量。
硫酸亚铁喷叶面，间隔一般十五天。

表 3-8　防治葡萄缺铁症使用药剂

通用名称	剂　型	使用方法
硫酸亚铁	95%晶体	每升水加入 5~7 克喷洒；也可在修剪后，每升水加入 200~250 克涂抹顶芽以上枝条

葡萄褐斑病

【诊　断】

褐斑病害有异名，斑点叶斑角斑病；
该病总计两类型，大斑小斑仔细分。
美洲品种若感病，病斑不规或者圆；
边缘颜色红褐变，中部黑色可呈现；
病斑外围黄晕圈，同心轮纹不显眼；

湿度大时有霉变,病斑正反都看见。
龙眼品种病若感,灰至褐色颜色显;
病斑多角或近圆,边缘颜色褐色变;
黑色环纹具中间,边缘外层暗湿状;
严重病叶干枯破,继续发展早期落。
叶上出现小褐斑,中部颜色稍微浅;
湿度大时生霉变,灰黑霉层显背面;
大小病斑连一块,加速病叶枯黄落。
高温高湿主因素,管理粗放弱树势;
低洼潮湿不透风,挂果过多发病重。

【防　治】

秋末冬初落叶扫,集中处理埋烧毁;
有机农肥多增施,改良土壤强树势;
病黄老叶摘除完,通风透光湿度减。
喷药保护放在先,无害农药应首选;
安泰生粉多霉灵,绿得保或百菌清;
阿米西达好效果,连喷三遍十天隔;
中下叶片是重点,正反叶面要喷全。

表 3-9　防治葡萄褐斑病使用药剂

通用名称(商品名称)	剂　型	使用方法
丙森锌(安泰生)	70%可湿性粉剂	600 倍液于发芽初期喷雾
多·霉威(多霉灵)	50%可湿性粉剂	1500～2000 倍液喷雾
碱式硫酸铜(绿得保)	30%悬浮剂	400～500 倍液喷雾
百菌清	75%可湿性粉剂	600～700 倍液喷雾
嘧菌酯(阿米西达)	25%悬浮剂	1500 倍液喷雾

葡萄蔓枯病和枝枯病

【诊　断】

(1)葡萄蔓枯病

葡萄蔓枯有异名,又称葡萄蔓割病。
主害新梢和枝蔓,蔓基近地病易染。
病斑初期红褐现,随后扩大黑褐斑。
秋季病蔓继续变,表皮纵裂丝状显;
不费力气易折断,病面多生黑小点。
主蔓染病损失惨,枝蔓衰枯或死完;
新梢染病叶黄变,新梢枯萎叶缘卷;
叶脉叶柄及卷须,常生黑色病条斑。

(2)葡萄枝枯病

葡萄枝枯有异名,又称葡萄肿瘤病。
当年枝条易染病,发病多见于叶痕;
病部暗褐颜色显,枝条深处再扩展。
病菌直达心髓部,导致病枝即枯死;
邻近健部仍生长,形成不规肿瘤状。
染病枝条节间短,其上叶片小而变。

【防　治】

葡萄枝蔓及时查,发现病斑用刀刮;
严重病枝要割掉,石硫合剂把毒消。
有机肥料多增施,改良土壤强树势。
秋末春旱要防冻,增强树体抗病性。
预防在先选农药,氢氧化铜或科博;
其他药剂相结合,交替应用好效果。

表 3-10　防治葡萄蔓枯病和枝枯病使用药剂

通用名称(商品名称)	剂　型	使用方法
氢氧化铜	77%可湿性粉剂	250～500 倍液喷雾
波尔·锰锌(科博)	78%可湿性粉剂	500 倍液于夏末秋初提早喷雾

葡萄轮斑病

【诊　断】

该病主要害叶片,产生不规或圆斑;
初期病斑红褐现,扩大圆形或近圆;
轮纹形状叶面显,深浅相间是特点;
湿度大时生霉变,浅褐霉层生背面。

【防　治】

残枝枯叶清扫完,集中烧毁灭菌源。
发病严重葡萄园,感病品种淘汰全。
化学药物比较多,褐斑病害可参照。

葡萄粒枯病

【诊　断】

葡萄粒枯多异名,房枯轴枯穗枯病。
主害位置有三种,果实果梗和穗轴。
果穗染病果梗基,有时出现近粒处;
病害出现褐色斑,外具暗褐色晕圈;
渐渐扩大色加深,病斑绕梗一周行;
小果梗干缢缩枯,然后蔓延到穗轴。
果粒染病蒂部看,病初果蒂失水蔫;

出现不规褐病斑,逐渐扩展全果染;
变紫变黑后缩干,粒面长出小黑点。
穗轴染病显褐斑,逐渐扩大黑缩变;
果粒变成黑僵果,挂在蔓上不脱落。
叶片染病看病斑,病斑圆形小斑点;
以后逐渐往大扩,中部灰白边缘褐;
后期病斑中央变,中央散生小黑点。
粒枯病与白腐病,颜色变化难分清;
后期病症仔细辨,粒枯病粒生黑点;
黑点小而分布稀,果粒脱落不容易。
白腐病粒则相反,白腐病粒干缩前;
灰白小粒点出现,分布密而易落完。

【防　治】

病重地区葡萄园,抗病品种要首选。
清洁田园年年搞,病残枝果集中烧。
及时修剪通透光,增施农肥改土壤;
化学肥料搞配方,抗病能力能增强。
化学防治选好药,喷药时间须记牢。
甲硫湿粉百菌清,混杀硫悬苯菌灵;
葡萄花后重点喷,轮换应用无抗性;
参看商标阅说明,间隔半月要记清。

表 3-11　防治葡萄粒枯病使用药剂

通用名称	剂　型	使用方法
甲基硫菌灵	70%可湿性粉剂	1000 倍液于发芽初期喷雾
百菌清	75%可湿性粉剂	600～800 倍液喷雾
混杀硫	50%悬浮剂	500 倍液喷雾
苯菌灵	50%可湿性粉剂	1500 倍液喷雾

葡萄穗轴褐腐病

【诊　断】

幼嫩穗轴病先染,分枝穗轴病斑先;
水渍褐斑轴上产,病斑随后速扩展。
穗轴变褐坏死显,果粒失水呈萎蔫;
继续发展再脱落,病面有时黑霉物。
病斑变化有局限,主轴很少再扩展;
发病后期小轴干,风吹分枝易折断。
幼小果粒病若染,果皮呈现小圆斑;
颜色深褐显果面,果粒膨大病斑变;
病斑表面呈疮痂,果粒生长痂落完。

【防　治】

抗病品种首当选,结合修剪多清园;
石硫合剂喷芽前,越冬菌源清除完。
增施磷钾控制氮,通风透光环境变。
化学药物选剂型,高效低毒要记清。
防病莫忘保环境,选药要选无害型。
代森锰锌百菌清,克菌丹或扑海因;
参看商标阅说明,交替应用无抗性。

表 3-12　防治葡萄穗轴褐腐病使用药剂

通用名称(商品名称)	剂　型	使用方法
石硫合剂	45%晶体	30 倍液于发芽前喷雾
代森锰锌	70%可湿性粉剂	500～600 倍液喷雾
百菌清	75%可湿性粉剂	600～700 倍液喷雾

通用名称(商品名称)	剂　型	使用方法
克菌丹	40%可湿性粉剂	500 倍液喷雾
异菌脲(扑海因)	50%可湿性粉剂	1500 倍液喷雾

葡萄锈病

【诊　断】

葡萄锈病若感染,主害植株下叶片;
病初叶片现病斑,初显零星小黄点;
周围呈现水渍状,叶背夏孢成橘黄;
随后逐渐再扩展,沿着叶脉多表现;
夏孢堆熟后破裂,橙黄粉末散出来;
孢子整个叶片布,导致叶片呈干枯。
秋末病斑多角变,灰黑斑点已呈现;
冬孢子堆若形成,表皮一般不破裂。
高温季节夜多露,生长有雨利锈病。
管理粗放长势差,品种之间差异大。

【防　治】

秋末冬初结合剪,残枝病叶运出园。
集中烧毁灭菌源,石硫合剂喷枝蔓。
肥水管理应加强,保持植株长势旺;
通风透光湿度降,病原侵染环境变。
发病初期心要细,老叶病叶及时清;
化学防治选准药,粉锈宁或敌力脱;
速保利剂或福星,配制药液看说明;
间隔半月喷两遍,避免高温药害生。

果穗套袋颜色好,绿色产品价格高。

表3-13　防治葡萄锈病使用药剂

通用名称(商品名称)	剂　型	使用方法
石硫合剂	45%晶体	30倍液于发芽前喷雾
三唑酮(粉锈宁)	20%乳油	1500～2000倍液喷雾
丙环唑(敌力脱)	25%乳油	3000倍液喷雾
烯唑醇(速保利)	12.5%可湿性粉剂	4000～5000倍液喷雾
氟硅唑(福星)	40%乳油	7000倍液喷雾,隔15天1次,连防2次

葡萄黑腐病

【诊　断】

果实叶片和叶柄,新梢部位都染病。

近地熟果病若染,初呈紫褐小斑点;

渐大边缘褐色变,中央灰白略凹陷;

病部继续再扩展,导致果实变腐软;

颜色变黑呈干缩,有时灰黑成僵果;

病果棱角较明显,布满清晰黑粒点。

叶片染病叶脉间,近圆小斑红褐现;

病斑扩大症状产,中央灰白外褐显;

边缘之上小黑点,沿斑排列状呈环。

新梢染病色褐显,形似椭圆微陷斑;

黑粒小点生上边,很像粒枯病症产。

粒枯病菌主害果,叶片危害特别少;

黑腐病染部位多,果叶卷须和新梢;

仔细诊断勤察观,抓住特点莫混乱。

高温高湿利发病,八至九月适流行。

肥水不足管理粗,发病主在近成熟。

地势低洼土黏重,通风不良发病重。

【防　治】

结合修剪清洁园,集中病残烧毁完。

减少越冬病菌源,来年病害少传染。

生长季节勤劳作,清除病梢毁病果。

铲除行间野杂草,田间病传可减少。

化学防治三关键,花前花后果膨大。

保护果叶和新梢,雨后喷药效果好;

杀毒矾或安泰生,石硫合剂普菌克;

配制浓度看说明,间隔十天喷三遍。

表 3-14　防治葡萄黑腐病使用药剂

通用名称(商品名称)	剂　型	使用方法
噁霜锰锌(杀毒矾)	64%可湿性粉剂	500~600倍液雨前喷雾保护
丙森锌(安泰生)	70%可湿性粉剂	500~600倍液喷雾
石硫合剂	45%晶体	30倍液于发芽前喷雾
硫磺·甲硫灵(普菌克)	50%悬浮剂	800倍液喷雾

葡萄灰斑病

【诊　断】

灰斑主要害叶片,病染初期细诊断;

初现细小褐圆点,轮纹状态随出现;

干燥病情扩展慢,暗褐病斑显边缘;

淡灰褐色在中间,高湿水浸病斑产;
扩展迅速色改变,灰绿灰褐再呈现;
病斑相连成大斑,严重四天全叶延。
白色霉层病斑满,导致病叶早脱完;
受害严重病症显,黑色菌核叶缘见。

【防　治】

综合防治是关键,越冬菌源消灭完。
病叶落叶及时清,集中烧毁或埋深。
特克多或农利灵,速克灵或扑海因;
避免抗性互轮换,间隔十天喷三遍。

表 3-15　防治葡萄灰斑病使用药剂

通用名称(商品名称)	剂　型	使用方法
噻菌灵(特克多)	45%悬浮剂	3000～4500 倍液喷雾
乙烯菌核利(农利灵)	50%可湿性粉剂	1500 倍液雨前喷雾保护
腐霉利(速克灵)	50%可湿性粉剂	2000～2500 倍液喷雾
异菌脲(扑海因)	50%可湿性粉剂	1500 倍液喷雾

葡萄皮尔氏病

【诊　断】

幼嫩葡萄感染病,几个月后即枯死;
老龄葡萄病感染,寿命一年至数年。
染病病株发芽缓,常常出现在单蔓。
焦叶干叶随出现,病初叶脉褪绿显;
叶片生长很迟缓,盛夏病菌堵维管。
水分供应随失常,叶缘呈现黄色状;

随后逐渐变坏死,陆续扩展到深秋;
叶熟以前落地面,树上叶柄完整现;
长在树上仍可见,诊断该病是特点。
枝蔓叶片感病早,果实停长亡萎凋。
叶片如果染病晚,果实提前把色转。
病枝成熟不一样,同一枝条区分辨;
一段成熟一段绿,不熟枝条受冻易。
病株春季推迟长,枝条矮化果减产;
枝条出现几叶片,叶脉皱缩畸形变;
以后叶片症不显,生长中后焦叶现。
根部早期正常长,病情扩展根系亡。

【防　治】

加强检疫首当先,美洲引种隔年检。
铲除杂草洁田园,减少寄主控病原。
防病要先防昆虫,减少传播不流行;
杀灭菊酯天王星,马拉硫磷乐斯本;
参看说明配浓度,介体昆虫彻底除。

表 3-16　防治葡萄皮尔氏病使用药剂

通用名称(商品名称)	剂　型	使用方法
氰戊菊酯(杀灭菊酯)	20%乳油	4000~5000 倍液喷雾
联苯菊酯(天王星)	10%乳油	2000~2500 倍液喷雾
马拉硫磷	40%乳油	1000 倍液喷雾
毒死蜱(乐斯本)	48%乳油	800~1000 倍液喷雾

葡萄根癌病

【诊　断】

根癌病害有别名,又称根头癌肿病。
寄主植物比较多,桃李杏枣和苹果。
危害部位好多处,主根侧根和根须;
染病部位症状显,豆粒绿色病瘤产。
瘤体逐渐在膨大,色泽加深褐色变;
内部组织逐渐硬,形状不定或球形;
体积豆粒或不等,大者直径三厘米。
雨季肿瘤吸水软,随后褐腐发臭烂。
苗木染病生长慢,植株矮小生长缓;
侧根须根多减少,成年染病果少小;
严重叶片黄早落,重症无花和无果;
树龄缩短损失大,导致植株枯死变。

【防　治】

加强检疫首当先,苗木引进严格检。
建园禁用病区苗,发现病苗立即烧。
新定苗木先消毒,硫酸浸泡五分钟。
新建园区定期查,发现病株立即挖。
增施农肥改土壤,田间耕作根免伤。
地下害虫及早防,减少根系受虫伤。
个别病株若发现,根围土壤往开扒;
小刀彻底刮病瘤,无病木质直至露;
残根病组集中烧,肿瘤细菌杀灭掉。
手术之后严消毒,石硫合剂喷病部。

表 3-17　防治葡萄根癌病使用药剂

通用名称	剂　型	使用方法
石硫合剂	45% 晶体	30 倍液喷根部

葡萄栓皮病

【诊　断】

栓皮病害病毒染,病后症状不明显。
有些品种病若感,春季茎蔓发芽晚;
生长发育阶段前,叶片变小色白浅。
每个病株有特点,死果枝出在枝蔓;
死蔓柔软而下垂,皮层开裂蔓茎基;
病株生长到后期,枝蔓呈现淡紫色;
木质化蔓产病斑,绿色斑块分布散;
蔓上病斑未木质,病蔓叶片缘下卷。

【防　治】

建园育苗应从严,无病园株枝条繁;
茎尖脱毒好办法,组织培养再提倡。

葡萄茎痘病

【诊　断】

茎痘病害病毒染,感病植株长势减;
春季萌动迟一月,植株染病生长弱;
严重衰退产量减,不能结实或死完。
主要特征仔细辨,砧穗接缝有病变;
砧穗缝处茎膨大,枝蔓皮层有变化;

外皮增厚或粗糙,剥开反面钉状物;
有时还有突起纹,对应木质凹陷孔。

【防 治】

建园育苗严把关,无病插穗苗木繁;
脱毒技术多应用,预防在先是关键。

第四章 桃病害诊断与防治

桃细菌性穿孔病

【诊 断】

该病主要害叶片,果实新梢也侵染。

叶片如若把病感,初在叶背近脉间;

产生淡褐水渍点,散生叶缘或叶尖。

病斑扩大紫褐变,角质变化显边缘;

病斑周围有特点,水渍黄绿色晕环。

病健交界再来观,一圈裂纹此处产;

中央组织脱落完,然后再把孔洞穿;

有时数个病斑连,形成一个大焦斑;

脱落之后穿大孔,孔洞边缘形不定。

果实染病小圆斑,初为褐色水渍点;

扩大暗紫凹中央,边缘呈现水渍状;

潮湿病斑黏物溢,颜色出现黄白色;

干燥病斑小裂纹,重时不规大纹生;

裂纹易被它菌染,造成果实成腐烂。

此病只在果面现,导致果实成花脸。

【防 治】

桃园管理要加强,增强树势株体壮。

增施农肥不偏氮,适时合理来修剪;

排水良好通光照,树体抗性能提高。

越冬菌源清除掉,病枝残叶要烧毁。
发芽之前喷药保,石硫合剂效果好;
新植霉素链霉素,还有碱式硫酸铜;
防治该病效果显,还可兼治蚜介螨。

表4-1 防治桃细菌性穿孔病使用药剂

通用名称(商品名称)	剂 型	使用方法
石硫合剂	45%晶体	30倍液于发芽前喷雾
链霉素·土(新植霉素)	90%可溶性粉剂	250倍液喷雾
链霉素	72%可溶性粉剂	3000~4000倍液喷雾保护
碱式硫酸铜	30%悬浮剂	400~500倍液喷雾

桃褐斑穿孔病

【诊 断】

该病主要害叶片,新梢果实也侵染。
叶片染病生圆斑,紫色颜色在边缘;
灰褐霉物病斑长,中部干枯脱落状;
最后穿孔便出现,穿孔边缘整齐见。
新梢果实把病染,症状就像病叶片。

【防 治】

桃园管理应加强,合理修剪通透光。
落花之后药喷洒,代森锰锌控病发;
甲硫湿粉百菌清,混杀硫悬多菌灵;
以上药剂要轮换,间隔七天防三遍。

表 4-2　防治桃褐斑穿孔病使用药剂

通用名称	剂　型	使用方法
代森锰锌	70%可湿性粉剂	1000～1200 倍液均匀喷雾
甲基硫菌灵	70%可湿性粉剂	800 倍液于发芽前喷雾
百菌清	75%可湿性粉剂	600～800 倍液喷雾保护
混杀硫	50%悬浮剂	500 倍液喷雾
多菌灵	50%可湿性粉剂	1000 倍液喷雾

桃缩叶病

【诊　断】

叶片受害是重点,嫩枝幼果也侵染。
春季嫩叶芽鳞现,立即就能把病感;
最初叶缘后曲卷,波纹症现色红变;
病部增大叶厚变,并且变脆红褐显;
严重全株叶变形,嫩梢也成枯死型;
春末夏初病叶看,一层灰粉生表面。
嫩枝染病灰绿黄,产量质量定影响;
节间缩短略粗肿,卷缩病叶常簇生。
幼果染病隆黄斑,随果增大褐色变;
后期病果畸形产,果面龟裂成麻脸;
疮疮疤疤随时见,病果早期脱落完。
大果受害果变红,并且病部出现肿;
茸毛脱落光滑面,经济价值难体现。

【防　治】

桃园管理要加强,适施肥水树势壮。
清除最初侵染源,病叶残体销毁完。
桃芽始膨到露红,周密细致喷药控。

绿得保或甲硫粉,井冈霉素苯菌灵;

以上药剂互轮换,间隔三天喷二遍。

表 4-3　防治桃缩叶病使用药剂

通用名称(商品名称)	剂　型	使用方法
碱式硫酸铜(绿得保)	30%悬浮剂	400～500 倍液喷雾
甲基硫菌灵	70%可湿性粉剂	500 倍液于发芽前喷雾
井冈霉素	5%水剂	500～1000 倍液喷雾
苯菌灵	50%可湿性粉剂	1500 倍液喷雾

桃煤污病

【诊　断】

煤污主要害叶片,树枝果实也难免。

叶片染病叶面看,叶面呈现污霉点;

形状不规或者圆,最后煤烟状物产;

布满叶枝及果面,绿叶鲜果看不见;

黑色霉层全布满,桃树落叶被提前。

【防　治】

桃园管理应加强,蚜虫粉虱及时防。

点片发生某阶段,及时喷洒克菌丹;

苯菌灵或百菌清,间隔半月防三遍。

表 4-4　防治桃煤污病使用药剂

通用名称	剂　型	使用方法
克菌丹	40%可湿性粉剂	400 倍液喷雾
苯菌灵	50%可湿性粉剂	1500 倍液喷雾
百菌清	40%可湿性粉剂	500 倍液喷雾

桃树缺铁症

【诊　断】

新梢顶端嫩叶黄，中脉两侧保原样；
随着新梢往大长，病势随着也加强；
全树新梢顶叶看，嫩叶失绿症状重；
叶脉呈现绿色淡，全叶发生黄白变。
六七月份病情检，重者新梢上叶观；
叶片变小早落现，有时全部光秃杆。

【防　治】

桃树缺铁防不难，具体方法葡萄参。

桃霉斑穿孔病

【诊　断】

主害花果和叶片，叶片染病症状现；
病斑开始形近圆，紫或紫红颜色显；
逐渐扩大斑形观，不规形状或近圆；
湿度大时病症现，黑色霉物叶背产；
受害叶片落地中，叶上残存有穿孔。
花果染病有特点，果实病斑小而圆；
凸起紫色变粗糙，花梗染病枯脱落。

【防　治】

勤于劳作强管理，增强树势抗病力。
增施农肥改土壤，配方施肥多推广。
冬季修剪病枝清，病残落叶烧干净；

抗病品种首当先,喷药最佳时期选;
代森锰锌绿得保,可杀得粉或甲硫;
早春喷洒最关键,配制浓度商标看。

表 4-5　防治桃霉斑穿孔病使用药剂

通用名称(商品名称)	剂　型	使用方法
代森锰锌	70%可湿性粉剂	500 倍液喷雾
碱式硫酸铜(绿得保)	30%悬浮剂	400~500 倍液喷雾
氢氧化铜(可杀得)	77%可湿性粉剂	400~500 倍液喷雾
甲基硫菌灵	70%可湿性粉剂	500 倍液于发芽前喷雾

桃畸果病

【诊　断】

畸果病害症状多,裂果疙瘩花脸果。
致病因素有三类,生理虫害非生理。
桃果细菌穿孔病,危害可致果畸形;
果面出现小圆斑,颜色显褐呈凹陷;
干燥裂纹和花脸,霉斑穿孔染果面;
出现紫色凹陷斑,整果麻脸很难看。
缩叶病害若感染,导致幼果有病变。
黄或红色隆起斑,龟裂麻脸随后显。
昆虫危害果生疤,果面凹凸呈疙瘩;
近熟果实受害重,果肉木栓或变松。
黑星病害果若染,暗绿圆形小斑显;
随后扩大果面粗,病果龟裂无法食。
裂果引起有原因,水分供应不均匀。

【防　治】

综合管理要加强,防病治虫全跟上。

结合防病农药用,代森锰锌或信生。

防止病菌把果染,果实套袋应推选。

表4-6　防治桃畸果病使用药剂

通用名称	剂　型	使用方法
代森锰锌	70%可湿性粉剂	500倍液喷雾
腈菌唑(信生)	40%可湿性粉剂	600~700倍液均匀喷雾

桃黑星病

【诊　断】

黑星病害有别名,群众又称疮痂病。

危害部位有特点,果实新梢和叶片。

果实染病危害重,初期多生在果肩;

暗绿圆形小斑点,逐渐扩大黑痣显;

严重病斑聚成片,果面粗糙很难看。

邻近成熟病斑变,紫黑红黑颜色现;

病菌侵染果表面,果实发病表皮限;

病部发展若停缓,果肉生长仍不减;

造成果面龟裂产,果梗染病果落完。

枝梢染病有特点,病斑边缘紫褐显;

中央浅褐形椭圆,后期病斑颜色变;

紫或黑褐隆起现,病斑上处流胶产;

翌年病斑色变灰,病斑表面黑粒密。

病斑只限表皮层,木质内部不深入。

叶片如果把病染，初在叶背脉之间。

多角不规形病斑，灰绿颜色多呈现；

随后病叶正反面，暗绿至褐病斑显；

后变紫红枯死斑，常常穿孔脱落见。

叶脉染病病斑变，长条形状色褐暗。

果实近熟是关键，发生多与雨相关；

降雨多而湿度大，果园地势在低洼。

栽植过密不通风，连阴雨天病更重。

【防　治】

综合技术相配套，各项管理要结合。

新建桃园严把关，抗病品种首当先；

结合修剪抓冬管，清除各种传染源；

各种病残认真清，集中处理焚埋净。

生长时期勤劳作，及时清理病枝果。

炭疽福美或大生，混杀硫悬苯菌灵；

参看说明配浓度，间隔十天交替用。

推广应用果套袋，少用农药无公害。

表 4-7　防治桃黑星病使用药剂

通用名称(商品名称)	剂　型	使用方法
炭疽福美	80%可湿性粉剂	800 倍液喷雾,隔半个月 1 次
代森锰锌(大生)	70%可湿性粉剂	500 倍液喷雾
混杀硫	50%悬浮剂	500 倍液喷雾
苯菌灵	50%可湿性粉剂	1500 倍液喷雾

桃褐腐病

【诊　断】

褐腐病害有别名,群众又称菌核病。
危害部位有多处,果实花叶和枝梢。
果实染病时间长,幼果熟果贮藏间。
病部果肉褐腐烂,病斑迅速再扩展;
病斑表面有霉变,黄白灰褐绒霉显;
同心轮纹初呈现,然后果面全布满;
病后果实全烂完,失水果僵成缩干;
菌丝果肉杂混合,最后形成大菌核。
树枝常现病僵果,最后颜色变黑褐。
花器染病有特点,花瓣柱头先侵染;
初呈褐色水渍斑,渐延花柄和萼片;
天气干燥花枯缩,残留枝上久不落。
嫩叶染病始叶缘,产生暗褐水渍斑;
逐渐叶柄也扩展,最后病叶枯萎完。
枝条染病有根源,花叶果柄来蔓延;
病斑下陷形长圆,边缘紫褐溃疡现;
病斑中央显灰褐,初期溃疡常流胶。
后期病斑续发展,围绕枝条转一圈。

【防　治】

认真仔细强管理,提高树体抗病力。
通风透光及排水,注重增施磷钾肥;
蛀果害虫提早防,减少果面虫蛀伤。
落果僵果和病残,结合修剪要清园;

集中烧毁或深埋,侵染病菌彻底灭。
药剂防治抓关键,重在花后和花前;
石硫合剂速克灵,参看说明轮换用。

表 4-8 防治桃褐腐病使用药剂

通用名称(商品名称)	剂 型	使用方法
石硫合剂	45%晶体	30 倍液于发芽前喷雾
腐霉利(速克灵)	50%可湿性粉剂	2000 倍液于花前、花后各喷 1 次

桃炭疽病

【诊 断】

炭疽主要害桃果,也染叶片和新梢。
幼果染病有特点,发育停滞暗褐显;
渐缩硬化不生长,形成僵果留枝上。
果膨时期病若染,初呈淡褐水渍斑;
形似圆形或椭圆,病斑呈现下凹陷;
同心轮纹皱纹显,湿时病产橘红点。
新梢染病一侧弯,严重发病枯萎干;
萌芽直至开花间,枝条病斑速扩展;
病斑环绕枝一圈,枯死位置在上端。
叶片染病褐色淡,圆或不规形病斑;
后期病斑颜色变,病斑中部灰褐显;
橘红直至黑点生,病部脱落穿孔产;
叶片萎垂在顶端,病叶纵卷形成管。

【防 治】

建园选种严把关,抗病品种首当先。

栽培管理应加强,提高抗性树体壮。
通风透光及排水,注重增施磷钾肥。
冬季修剪清病残,枝叶落果集中毁。
药剂防治抓关键,石硫合剂施芽前。
花后施药最重要,选准农药高防效;
炭疽福美乐必耕,代森锰锌苯噻氰;
配制浓度说明看,间隔十天喷三遍。

表 4-9　防治桃炭疽病使用药剂

通用名称(商品名称)	剂　型	使用方法
炭疽福美	80%可湿性粉剂	800 倍液喷雾,隔半个月 1 次
氯苯嘧啶醇(乐必耕)	6%可湿性粉剂	1500 倍液喷雾
代森锰锌	70%可湿性粉剂	500 倍液喷雾
苯噻氰	30%可湿性粉剂	2000 倍液均匀喷雾

桃褐锈病

【诊　断】

桃锈主害在叶片,正反叶面均可染。
先感叶背后叶面,叶面染病症状显;
病斑颜色红黄现,形似圆形或近圆;
叶背染病稍隆起,圆形疱疹呈褐色;
即为菌源夏孢堆,突破叶表黄粉飞;
病后色变黑色孢,严重叶片枯黄落。
转害寄生是特性,转主寄主有两种;
唐松草或白头翁,二者也可感染病。

【防　治】

秋末冬初除病原,扫除落叶多清园。

转主寄生连根铲,切断传播无后患。

化学药剂粉锈宁,花前花后喷两遍。

表 4-10 防治桃褐锈病使用药剂

通用名称(商品名称)	剂　型	使用方法
三唑酮(粉锈宁)	20%乳油	2000 倍液喷雾

桃树干枯病

【诊　断】

干枯病害有别名,腐烂或者胴枯病。

主害大枝和主干,初期病部略凹陷;

半粒胶点物可见,形似椭圆紫红显;

胶点渐多胶量大,严重树干胶流下。

胶点颜色初黄白,后变棕褐直至黑;

胶点病组黄褐变,呈现湿润状腐烂;

木质深处病也染,酒糟气味往外散;

后期病干缩凹陷,随即病菌子座产;

表面生有黑粒点,湿度大时橘红显;

病部树皮剥开看,黑色子座尤明显。

冻害管理若粗放,施肥浇水不恰当;

地势低洼土黏重,诱发病害是原因。

【防　治】

桃树苹果腐烂病,防治技术很相近;

不同之处要记牢,桃树伤口难愈合。

腐烂位置易流胶,刮治伤口保护好。

愈合剂要涂抹早,苹果腐烂作参照。

桃树侵染性流胶病

【诊　断】

该病主害在枝干,有时果实也可传。
一年嫩枝病若染,皮孔中心症状显;
逐渐扩大瘤物产,其上散生小黑点;
当年流胶不出现,翌年病斑再扩展;
瘤皮开裂树脂溢,初期无色透明稀;
软胶手摸薄而黏,不久色变为茶褐;
质地变硬结晶状,雨后吸水呈膨胀;
随即变成胶陈样,粗糙变黑显枝上;
瘤物中心渐下陷,圆或不规形病斑;
斑上散生小黑点,严重枝条枯萎完。
多年枝干若受害,水泡状物隆起来;
病菌已侵枝皮部,继续发展病入木;
受害位置色变褐,枝上病斑多流胶;
树体容易现早衰,导致枝干枯死坏。
果实染病褐腐烂,逐渐出现密粒点;
湿时粒点白物溢,影响质量价格低。
雨天病菌易流行,皮孔伤口多入侵;
危害部位有重点,直立枝干在上面;
侧枝枝干向地面,枝杈积水受害重。

【防　治】

冬季修剪仔细看,清除流胶侵染源;
病残枯枝及时剪,集中销毁无传染。
多积农肥改土壤,增施磷钾树势壮。

开花以前病斑查,病斑胶块及时刮;
混杀硫悬多菌灵,甲硫湿粉有效应。

表 4-11　防治桃树侵染性流胶病使用药剂

通用名称	剂　型	使用方法
混杀硫	50%悬浮剂	500 倍液喷雾
多菌灵	50%可湿性粉剂	800 倍液均匀喷雾
甲基硫菌灵	70%可湿性粉剂	1000 倍液,半月 1 次,连喷 3 次

桃树非侵染性流胶病

【诊　断】

主害位置有多个,主干丫杈枝和果。
主干主枝发病初,透明黄胶病部出;
受害部位枝干上,发病初期稍肿胀。
早春树液流动后,病部黄胶往外透;
接触空气变红褐,形状呈现为冻胶;
雨后流胶现象重,干燥胶脒变坚硬。
病部易被腐菌染,皮层木质变褐烂;
树势衰弱叶黄小,严重枝干枯死掉。
发病原因好多种,病虫冻害机械伤;
施肥修剪若不当,栽植过深黏土壤;
树体生理多失调,症状表现为流胶。

【防　治】

增施农肥改土壤,合理修剪少伤创;
防止冻害日灼伤,枝干病虫及早防;
芽前病组及早除,石硫合剂立即涂;

甲硫湿粉多菌灵,生长季节轮换用。

表 4-12 防治桃树非侵染性流胶病使用药剂

通用名称	剂 型	使用方法
石硫合剂	45%晶体	30 倍液涂抹伤口
甲基硫菌灵	70%可湿性粉剂	1000 倍液均匀喷雾
多菌灵	50%可湿性粉剂	800 倍液喷雾

第五章　杏病害诊断与防治

杏褐腐病

【诊　断】

褐腐病害有两种,根据特征仔细分。
近熟果实病若生,暗褐病斑出果面;
形状圆形稍凹陷,迅速扩大软腐烂;
黄褐绒粒长上面,轮生或者不规状。
害果早期大量落,落掉之后腐烂样;
还有少数挂树上,最后全部都变僵。
果实染病有特点,灰色绒粒首出现;
有时引起花腐产,叶片染病水渍斑;
大型病斑色绿暗,多雨之时叶腐变。

【防　治】

清除病果减菌源,防止病菌伤口染。
果实近熟药剂喷,甲硫悬剂控病生。
普菌克或克菌灵,多菌灵粉效果显。

表 5-1　防治杏褐腐病使用药剂

通用名称(商品名称)	剂　型	使用方法
甲基硫菌灵	36%悬浮剂	500 倍液喷雾
硫磺·甲硫灵(普菌克)	70%可湿性粉剂	1000 ~ 1500 倍液喷雾
三乙膦酸铝(克菌灵)	60%可湿性粉剂	800 倍液均匀喷雾
多菌灵	50%可湿性粉剂	800 倍液喷雾

杏细菌性穿孔病

【诊　断】

穿孔主要害叶片,果实枝梢也可染。
叶片染病叶背看,淡褐水渍小斑点;
扩大紫褐黑褐斑,状似不规或近圆;
周围具有黄晕圈,后期病斑成枯干;
产生裂纹在边缘,或者脱落把孔穿。
果实染病小褐斑,扩大之后紫色暗;
黄白黏质湿时产,干燥病斑裂纹现;
裂纹之外它菌染,果腐症状引出现。
枝条染病有两样,春季夏季溃疡状。

【防　治】

认清症状细诊断,防治方法桃树看。

杏树小叶病

【诊　断】

春季发芽症状显,病芽扭曲叶变小;
细长丛生柳叶状,最后叶片凋萎现;
导致整株枯死完,中心发病是特点。

【防　治】

树干注入青霉素,基本能把病情控。
半月以后继续防,病势扩展不加强。

表 5-2 防治杏树小叶病使用药剂

通用名称	剂 型	使用方法
青霉素	80万单位可溶性粉剂	100毫克/千克注入树干维管组织中

杏 疔 病

【诊　断】

杏疔又称黄红肿,新梢叶片受害重。
新梢染病节缩短,其上叶片变黄厚;
叶柄向脉始扩展,以后叶脉红褐现;
叶肉变厚绿色暗,叶背叶面红点散。
红点之中涌孢角,颜色一般呈淡黄;
或在叶面混合相,成为黄色胶层样。
叶片染病柄粗短,基部肿胀缩节间。
七月以后黄叶干,质地变硬褐色显;
卷曲折合畸形产,八月以后叶变黑;
质脆容易破裂穿,叶背散生小黑点;
树上黑叶久不落,病枝少果或无果。
病花多不易开放,苞大萼瓣不易脱。
果实染病停生长,果面病斑呈淡黄;
生有红褐小粒点,病果后期落缩干;
或者挂在树体上,牢记症状好预防。

【防　治】

清除残体并销毁,杏树展叶喷药保。
世高粉剂络氨铜,绿得保剂有作用;
间隔十天防一遍,彻底消灭防数年。

表 5-3　防治杏疔病使用药剂

通用名称(商品名称)	剂　型	使用方法
苯醚甲环唑(世高)	10%水分散粒剂	2000～2500倍液喷雾
络氨铜	14%水剂	300倍液均匀喷雾
碱式硫酸铜(绿得保)	30%悬浮剂	300倍液隔半月喷1次

杏树流胶病

【诊　断】

主要发生在枝干,丫杈之处最易染;
枝条果实有时感,初在病部流胶产。
胶物透明淡黄色,树脂凝聚渐红褐;
病部稍肿不明显,皮层腐朽或褐变。
有时腐生杂菌感,导致叶小色变黄;
树势衰退体不壮,严重枝干枯死样。

【防　治】

加强管理树势壮,增施农肥改土壤。
合理修剪减少伤,杏园连作要避免。
枝干病虫应先防,冻害日灼少影响。
早春发芽喷药保,石硫合剂效果好;
甲硫湿粉多菌灵,腐霉利和异菌脲。
花后新梢喷比久,抑制生长防胶流。

表 5-4　防治杏树流胶病使用药剂

通用名称(商品名称)	剂　型	使用方法
石硫合剂	45%晶体	250倍液于早春芽前喷雾保护
多菌灵	50%可湿性粉剂	800倍液喷雾

续表 5-4

通用名称（商品名称）	剂　型	使用方法
甲基硫菌灵	70%可湿性粉剂	1000 倍液均匀喷雾
腐霉利（速克灵）	50%可湿性粉剂	1200～2000 倍液喷雾
异菌脲（扑海因）	50%可湿性粉剂	1000～1500 倍液喷雾
比　久	85%可溶性粉剂	2000～3000 毫克/千克喷洒新梢

第六章　枣病害诊断与防治

枣锈病

【诊　断】

叶和果实主表现,感病叶片症状显;

无规斑点色绿淡,进而灰褐色呈现;

并且向上凸起变,褐色孢子在病斑。

孢子形态各异样,多生主脉两侧上;

受害果叶发黄落,翌年树势也衰弱。

【防　治】

锈病发生环境看,土壤水分密相连;

品种之间差异大,降水多少轻重发。

冬季注意清果园,烧毁病残减菌源。

重病区域防喷药,敌力脱药绿得保。

轻病区域药量小,粉锈宁喷病害少。

表 6-1　防治枣锈病使用药剂

通用名称(商品名称)	剂　型	使用方法
丙环唑(敌力脱)	20%乳油	400 倍液喷雾
碱式硫酸铜(绿得保)	30%悬浮剂	300 倍液隔半月喷 1 次
三唑酮(粉锈宁)	20%乳油	2000～2500 倍液均匀喷雾

枣焦叶病

【诊　断】

病发枣吊和叶片,病初枣叶灰斑点;

局部叶绿分解完,继而病斑褐色显;

周围部分色淡黄,半月左右病斑看;

中心组织坏死变,淡黄叶缘随出现;

病斑相连成焦叶,焦叶黑褐坏死完。

枣吊感病查症状,中后枣叶绿变黄;

未枯即落果瘦小,顶端向下渐枯焦。

【防　治】

冬季清园打枣吊,枯枝败叶全焚烧。

萌叶之后枯枝剪,减少病菌传播源。

肥水管理要加强,提高抗性树体壮。

六月上旬喷药剂,可杀得粉抗枯宁。

表6-2　防治枣焦叶病使用药剂

通用名称(商品名称)	剂　型	使用方法
氢氧化铜(可杀得)	77%可湿性粉剂	500倍液喷雾
络氨铜(抗枯宁)	14%水剂	500倍液均匀喷雾,间隔7天喷洒1次

枣缩果病

【诊　断】

缩果病原若侵染,晕环水渍着色先;

五个时期仔细看,萎缩脱落最后显。

果面病斑有特点,红色提前现果面;
果肉病斑解剖观,褐斑由外向内延;
组织脱水坏死枯,颜色黄褐果肉苦;
病果外观再细瞧,斑外果皮呈收缩。
果柄位置再分辨,病果果柄黑褐变;
果柄离层已形成,提早脱落全定形。

【防　治】

刺吸昆虫防在先,降低密度很关键。
肥水管理要加强,提高抗性树体壮。
八月上旬喷药保,DT湿粉效果好;
预防为主要记牢,农用链霉素早喷;
以上药剂轮换用,间隔八天喷一遍。
杀菌同时兼杀虫,啶虫脒或吡虫啉。

表 6-3　防治枣缩果病使用药剂

通用名称(商品名称)	剂　型	使用方法
琥胶肥酸铜(DT)	50%可湿性粉剂	500倍液喷雾
链霉素(农用链霉素)	72%可湿性粉剂	3000~4000倍液均匀喷雾
啶虫脒	3%乳油	2000~2500倍液喷雾
吡虫啉	10%可湿性粉剂	3000~4000倍液喷雾

枣叶斑病

【诊　断】

该病主要害叶片,枣叶感病早落显;
影响发芽和坐果,导致幼果也早落。

【防　治】

搞好环境洁枣园,焚烧残体杀菌源。

石硫合剂喷芽前,防效相对较明显。

五至七月多菌灵,或者甲基硫菌灵。

表 6-4 防治枣叶斑病使用药剂

通用名称	剂型	使用方法
石硫合剂	45%晶体	300 倍液喷雾
多菌灵	50%可湿性粉剂	800 倍液均匀喷雾,间隔 7 天喷洒 1 次
甲基硫菌灵	70%可湿性粉剂	800~1000 倍液喷 2~3 次

枣煤污病

【诊　断】

煤污又称黑叶病,全国各地均流行。

昆虫引起是主因,重复侵染危害生。

枣树如若受侵染,叶片枝条和果面;

黑色霉菌全披满,整个树冠黑色全。

介壳虫口密度高,集中危害叶果吊;

叶枝果上泄物黏,引起霉污病菌产;

首先出现黑霉点,煤点微小形状圆;

最后叶枝果实看,全部发生黑色变。

【防　治】

煤污防治很简单,介壳虫防首当先;

介壳虫若控制好,煤污病害发生少。

枣疯病

【诊　断】

枣疯病害有别名,又被叫做丛枝病。

该病发生最普遍,枣树生产老大难。
发生严重树挖完,损失极大制发展。
感染之后症状产,激素失调生理乱;
小枝丛生黄叶片,花器返祖果畸变。
春季萌发根蘖看,丛枝症状出土现。
一类表现小叶型,萌生新枝特点多;
发生丛生变细弱,叶小黄化也不少。
二类表现花叶型,叶片块状不规则;
黄绿不匀色难看,花叶多而凸不平。
花部症状观仔细,花柄伸长变小枝;
花萼雄蕊和花瓣,出现枝条成异变;
一至三叶长顶端,果实常常畸形显;
凹凸不平显果面,糖分降低肉松软。

【防　治】

病苗外运加强检,控制病菌防侵染。
轻病树体枯枝剪,集中一起焚烧完;
进行环割萌发前,加强肥水树体健。
四环素液注枝干,或者挖土根部灌。
病轻树根吲哚酸,生理平衡保不变。
重病树体早挖完,从而减少传染源。
枣园管理要抓严,刺吸害虫防在先。
新栽枣树把好关,无毒苗木最关键。

表6-5　防治枣疯病使用药剂

通用名称	剂　型	使用方法
四环素	0.25克/片	0.001%药液注射枝干或浇灌根部

第七章　柿病害诊断与防治

柿黑星病

【诊　断】

危害部位有许多,枝梢叶片还有果。

叶片染病有特点,初在叶脉生黑点;

后沿叶脉再蔓延,产生多角无形斑;

病斑颜色漆黑显,中部灰色周围暗;

湿度大时病菌生,黑色霉层叶背现。

枝梢如若把病感,初生淡褐色病斑;

随后扩大形状变,纺锤形状或椭圆;

枝上病斑略凹陷,严重开裂会折断。

果实如果把病染,病斑不规形近圆;

手触稍硬疮痂样,病斑之处开裂状。

【防　治】

病枝病叶及时剪,集中烧毁减菌源。

六月中旬喷药液,代森锰锌控危害;

绿得保剂杀毒矾,间隔半月喷两遍。

表 7-1　防治柿黑星病使用药剂

通用名称(商品名称)	剂　型	使用方法
代森锰锌	70%可湿性粉剂	500 倍液喷雾
碱式硫酸铜(绿得保)	30%悬浮剂	400~500 倍液喷雾
噁霜锰锌(杀毒矾)	64%可湿性粉剂	500 倍液喷雾

柿圆斑病

【诊　断】

叶片如果把病染,初生圆形小斑点。

染病叶面色浅褐,斑色边缘不明显;

随后病斑深褐转,中部稍浅黑边缘;

病叶变红过程现,病斑周围黄晕环;

病斑直径三毫米,后期长出黑小粒;

严重病叶变红落,最后留下柿子果。

该病主害在叶片,叶片染病早落完。

柿蒂染病斑圆褐,发病较晚病斑小。

六至八月降雨多,叶片发病率较高;

肥料不足土瘠薄,树势衰弱落叶多。

【防　治】

综合防治首当先,清洁柿园防初染;

残枝落叶及时扫,集中深埋或焚烧。

化学防治抓时机,落花以后喷药剂;

甲硫湿粉丙森锌,杀毒矾或多菌灵。

表 7-2　防治柿圆斑病使用药剂

通用名称(商品名称)	剂　型	使用方法
甲基硫菌灵	50%可湿性粉剂	800～1000 倍液喷雾
丙森锌	70%可湿性粉剂	500 倍液于发病初期喷雾
噁霜锰锌(杀毒矾)	64%可湿性粉剂	500 倍液喷雾
多菌灵	50%可湿性粉剂	600～800 倍液喷雾

柿炭疽病

【诊　断】

新梢果实主侵染，有时危害在叶片。
新梢染病看表面，黑圆小斑上面产；
随后颜色暗褐显，病斑扩大长椭圆；
中部纵裂稍凹陷，其上产生黑小点；
天气潮湿斑色变，红色黏物能出现。
病染木质已腐烂，病梢位置易折断。
果实如若把病感，初期症状显果面；
针头大小病斑产，深褐至黑小斑点；
随后扩大形状变，圆或椭圆稍凹陷；
外围黄褐又呈现，中央灰黑轮纹点；
遇雨潮湿色多观，粉红黏物溢外面；
病斑常入皮层下，果内形成黑硬疤。
叶片如果把病染，叶脉叶柄病多见；
初呈黄褐后黑褐，形状不规或长条。

【防　治】

肥水管理要加强，防止徒长树势壮；
冬季修剪多清园，病残枝果深埋远。
防止翌年初侵染，集中落叶焚烧完。
化学防治抓关键，石硫合剂喷芽前；
代森锰锌和科博，苯菌灵粉好效果。

表 7-3　防治柿炭疽病使用药剂

通用名称(商品名称)	剂　型	使用方法
石硫合剂	45%晶体	30 倍液于芽前喷洒枝干
代森锰锌	70%可湿性粉剂	500 倍液喷雾
波尔·锰锌(科博)	70%可湿性粉剂	500 倍液喷雾,间隔半月连喷 2 次
苯菌灵	50%可湿性粉剂	1500 倍液喷雾

柿角斑病

【诊　断】

真菌感染致角斑,危害果蒂和叶片。

叶片染病有特点,黄绿浅褐色泽显;

颜色加深病斑展,边缘不明至明显;

随后深褐边缘产,出现多角形病斑;

病斑大小八毫米,斑面呈现小黑粒。

柿蒂染病蒂周围,病斑褐至深褐色;

边缘明显或不显,蒂尖向内再扩展。

病害严重产量减,叶片果实落地面。

【防　治】

秋后落叶至翌年,病叶病蒂清除完。

改良土壤施农肥,提高树体抗病力。

化学防治药巧选,代森锰锌杀毒矾。

表 7-4　防治柿角斑病使用药剂

通用名称(商品名称)	剂　型	使用方法
代森锰锌	70%可湿性粉剂	500 倍液喷雾
噁霜锰锌(杀毒矾)	64%可湿性粉剂	500 倍液喷雾

第八章　核桃病害诊断与防治

核桃黑斑病

【诊　断】

黑斑病害有别名，群众俗称黑腐病。

主害叶片和幼果，也可危害嫩枝条。

幼果染病有特点，果面出现小褐斑；

病斑边缘不明显，连片变黑果肉间；

整果核仁全变黑，逐渐腐烂落地面。

近熟果实病若染，外果皮外症先现；

继续发展皮中间，核仁完好皮外翻。

叶片染病叶脉显，圆或多角小褐斑；

相互愈合呈扩展，病斑外围溃晕圈；

后期少数变穿孔，病叶皱缩畸形现。

皮孔蜜腺和虫害，细菌入侵能作怪。

花期展叶易侵染，夏季多雨病多感。

【防　治】

及时防治核桃虫，防止病菌入虫孔。

化学防治抓时机，展叶花后喷农链。

表 8-1　防治核桃黑斑病使用药剂

通用名称(商品名称)	剂　型	使用方法
链霉素(农用链霉素)	72%可湿性粉剂	3000～4000 倍液喷雾

核桃枝枯病

【诊　断】

主要危害在枝条,枝条染病先嫩梢;
向下蔓延枝和干,皮层初现暗灰褐;
随后浅红深灰显,病部形成黑粒点;
染病枝上叶色变,逐渐显黄后落完。
该病属于弱生菌,树枝衰弱易生病;
春季干旱或受冻,枯枝病害易流行。

【防　治】

提高认识变理念,核桃也需科学管。
增施农肥改土壤,树体健壮抗性强。
机械创伤和虫伤,早春寒流注意防。
主干发病病疤刮,用腐烂敌及时刷。

表8-2　防治核桃枝枯病使用药剂

通用名称(商品名称)	剂　型	使用方法
腐殖·福美胂(腐烂敌)	23.5%涂抹剂	本品为25克的小袋包装,使用时稀释成10~20倍的药液,先用0.5升的沸水溶解,放凉后用毛刷均匀涂抹伤口

核桃腐烂病

【诊　断】

幼树侧枝和枝干,病染初期梭形斑;
暗灰水渍稍肿起,用手按压流液体;

泡沫外溢有特色,病皮变褐有酒味;
随后病皮失水陷,黑粒小点斑上散。
湿度大时黑点变,橘红胶质涌外边;
病斑扩展皮层内,皮层纵裂流黑水。
大树主干病若染,症状外表不易看;
病状如若能看见,皮下病斑大扩展;
黏稠黑水病处流,糊在树干似黑锈。
枝条染病两表现,失绿症状第一点;
皮层充水木质离,枝条干枯黑小粒。
第二症状也明显,剪锯口处生病斑;
沿梢向下再蔓延,环绕一圈枝枯干。

【防　治】

增施农肥改土壤,合理修剪树势壮。
科学管理不粗放,控制病害综合防。
发现病斑及时刮,涂抹农药愈伤疤。
树干涂白能防冻,病斑冬前早刮净。
甲硫湿粉多菌灵,石硫合剂好效应。

表 8-3　防治核桃腐烂病使用药剂

通用名称	剂　型	使用方法
甲基硫菌灵	70%可湿性粉剂	50 倍液喷雾
多菌灵	50%可湿性粉剂	600~800 倍液喷雾
石硫合剂	45%晶体	300 倍液喷雾

第九章　草莓病害诊断与防治

草莓褐斑病

【诊　断】

褐斑主要害叶片，初生紫褐小圆斑。

后扩椭圆不定斑，中部黄褐紫边缘。

轮纹清晰或不显，上面密生小黑点。

【防　治】

农业防治应当先，药剂防治是重点。

栽前甲基硫菌灵，浸苗一般二十分。

发芽开花喷药保，高脂膜剂或世高；

或混杀硫悬浮剂，科学配制好效应。

表 9-1　防治草莓褐斑病使用药剂

通用名称(商品名称)	剂　型	使用方法
甲基硫菌灵	50%可湿性粉剂	500 倍液浸苗 20 分钟或喷雾
高脂膜	27%乳剂	200 倍液加 75%百菌清可湿性粉剂 600 倍液喷雾
苯醚甲环唑(世高)	10%水分散粒剂	500 倍液喷雾
混杀硫	50%悬浮剂	500 倍液喷雾

草莓 V 型褐斑病

【诊　断】

紫色小斑生叶面，黄绿大斑后扩展。

嫩叶发病始叶尖，V 字扩展主脉沿。

褐斑轮纹生黑点，每片叶上一大斑。

【防　治】

农业防治首当先，耐病品种认真选；

病株老叶烧毁完，湿度光照严格管；

通风换气露水减，防止膜内水滴产。

药剂防治配合到，零星病叶始喷药。

速克灵或扑海因，杀毒矾或农利灵。

浓度适宜药害减，采前三天药全免。

表 9-2　防治草莓 V 型褐斑病使用药剂

通用名称（商品名称）	剂　型	使用方法
腐霉利（速克灵）	50%可湿性粉剂	1500～2000 倍液喷雾
异菌脲（扑海因）	50%可湿性粉剂	1500 倍液喷雾
噁霜锰锌（杀毒矾）	64%可湿性粉剂	4000 倍液喷雾
乙烯菌核利（农利灵）	50%可湿性粉剂	1000～1500 倍液喷雾

草莓白粉病

【诊　断】

主害果实和叶片，薄白菌丝长叶面。

后期生粉渐蔓延，叶缘汤匙向上卷。

白粉一层果面现,白球果实特显眼。

【防　治】

农业防治放在前,抗病品种仔细选。
品种抗性差异大,宝交早生吐特拉;
童子1号美香莎,高抗白粉人人夸。
清除杂草少施氮,不要串棚免病传。
药剂防治用硫磺,熏蒸技术把病防。
温度一定要控严,避免草莓药害产。
一旦发病用世高,仙生福星有疗效;
药液不宜用过量,以上药剂轮换防。

表9-3　防治草莓白粉病使用药剂

通用名称(商品名称)	剂　型	使用方法
苯醚甲环唑(世高)	10%水分散粒剂	500倍液喷雾
锰锌·腈菌唑(仙生)	62.25%可湿性粉剂	600~800倍液喷雾
氟硅唑(福星)	40%乳油	7000~8000倍液均匀喷雾

草莓炭疽病

【诊　断】

炭疽病害两方面,局部病斑全株蔫。
匍匐茎上局斑产,叶花果实也可见。
茎叶感染病斑显,初为红褐后变黑;
状似溃疡稍凹陷,病斑绕茎整一圈。
萎蔫病株查叶片,病叶边缘棕红斑;
轻时午蔫早晚复,重时几日全枯干。
掰断茎部症状显,由外向内渐褐变;

拔起植株根新鲜,炭疽根系不腐烂。
幼叶正常无畸变,能与黄萎清楚辨。

【防　治】

育苗土壤把毒消,熏蒸消毒效果好。
药剂防治抓时限,匍匐茎蔓始伸展。
摘除老叶降雨前,药剂防治为重点。
代森锰锌百菌清,炭特灵或甲硫灵;
多锰锌粉效果好,防治炭疽有特效。

表 9-4　防治草莓炭疽病使用药剂

通用名称(商品名称)	剂　型	使用方法
代森锰锌	70%可湿性粉剂	800 倍液喷雾
百菌清	75%可湿性粉剂	1000 倍液喷雾
溴菌腈(炭特灵)	25%可湿性粉剂	600 倍液喷雾
甲基硫菌灵	50%可湿性粉剂	500 倍液喷雾
多·锰锌	50%可湿性粉剂	1500 倍液喷雾

草莓枯萎病

【诊　断】

主害抽生匍匐茎,子苗最易感染病。
心叶发黄叶卷缩,病叶无光生长弱。
三片叶中畸二片,发病多在株一边;
老叶紫红先萎蔫,后期枯黄株死全。
剖开维管褐色显,根系褐黑根量减。
多年连作易发病,轮作换土最可行。

【防　治】

无病田间把苗选,禾本作物轮三年;

拔除病株快烧毁,穴施石灰把毒消。
发病初期药早喷,代森锰锌干悬粉;
多菌灵或苯菌灵,适度药液茎基淋。
安全间隔十五天,连续防治五六遍。

表 9-5　防治草莓枯萎病使用药剂

通用名称	剂　型	使用方法
代森锰锌	70%干悬粉	500 倍液喷雾
多菌灵	50%可湿性粉剂	600～700 倍液喷雾
苯菌灵	50%可湿性粉剂	1500 倍液喷淋茎基部

草莓灰霉病

【诊　断】

主害花器和果实,普遍发生在棚室。
花萼出现水浸点,病斑不规形近圆;
幼果受害全腐烂,湿度大时灰霉产。
青果发病软落完,空气燥时果腐干。

【防　治】

农业防治是重点,优良品种认真选。
水旱轮作最有效,十字花科豆类好;
焚烧残体洁田园,摘除病果病原减。
夏季高温土毒消,深翻灌水畦做高。
高垄栽培应推广,施用氮肥不过量。
提高地温温差小,减少结露增光照。
滴灌技术应配套,宁干勿湿要记牢。
药剂防治应跟上,中心病株重点防。

扑海因和速克灵,还有甲基硫菌灵。
花期喷药畸果产,果实容易受污染;
这个阶段药全免,灰霉发生应熏烟。
大棚草莓药敏感,各种药剂按低限。
药剂微肥不相混,喷药防病要谨慎。

表9-6　防治草莓灰霉病使用药剂

通用名称(商品名称)	剂　型	使用方法
异菌脲(扑海因)	50%可湿性粉剂	800倍液喷雾
腐霉利(速克灵)	50%可湿性粉剂	1000倍液喷雾
甲基硫菌灵	40%可湿性粉剂	800倍液喷雾或250克/667平方米熏烟

草莓疫霉果腐病

【诊　断】
疫霉主要害果实,发病开花至成熟。
幼果发病黑褐色,干枯硬化如皮革。
熟果发病白软状,好似开水来烫伤。
【防　治】
农业防治放在前,合理施肥不偏氮。
花后一般药始喷,三乙膦铝可湿粉;
乙铝锰锌甲霜铜,瑞毒锰锌好作用。
以上药剂互轮换,间隔十天防三遍。

表 9-7　防治草莓疫霉果腐病使用药剂

通用名称(商品名称)	剂　型	使用方法
三乙膦酸铝	40%可湿性粉剂	150~200倍液喷雾
乙铝·锰锌	70%可湿性粉剂	500倍液喷雾
甲霜铜	50%可湿性粉剂	600倍液喷雾
甲霜灵·锰锌(瑞毒锰锌)	58%可湿性粉剂	800倍液喷淋茎基部

草莓蛇眼病(斑点病)

【诊　断】

蛇眼病斑紫色暗,病斑圆形或近圆。
中央灰白紫边缘,整个病斑似蛇眼。

【防　治】

清理残体洁田园,发病苗木淘汰完。
络氨铜剂绿得保,可杀得粉效果好。

表 9-8　防治草莓蛇眼病使用药剂

通用名称(商品名称)	剂　型	使用方法
络氨铜	14%水剂	300倍液喷雾
碱式硫酸铜(绿得保)	30%悬浮剂	400倍液喷雾
氢氧化铜(可杀得)	77%可湿性粉剂	500倍液喷雾

草莓细菌性叶斑病

【诊　断】

细菌叶斑害叶片,叶片下表水浸斑;
不规病斑红褐现,逐渐扩大褐枯干。

遇湿叶背菌脓产,干燥斑薄破裂穿。
叶缘叶尖病斑显,叶片常常破碎完。

【防　治】

适时定植肥充分,小水勤浇降土温。
发病初期始喷药,链霉素粉效果好;
可杀得或加瑞农,连防四次好作用。

表 9-9　防治草莓细菌性叶斑病使用药剂

通用名称(商品名称)	剂　型	使用方法
链霉素	72%可湿性粉剂	3000 倍液喷雾
氢氧化铜(可杀得)	77%可湿性粉剂	500 倍液喷雾
春雷氧氯铜(加瑞农)	47%可湿性粉剂	800 倍液喷雾

草莓青枯病

【诊　断】

发病主在定植期,多见高温盛夏季。
生育期间病症少,育苗圃中发生多。
病初叶柄变紫红,发育不良病加重。
初发病在下叶片,一至二片先萎蔫;
烈日严重复夜间,发病几天株死完。
根系表面症不见,纵切根冠褐化现。

【防　治】

栽培管理应加强,腐熟农肥施大量;
土壤酸碱调节好,撒施石灰把毒消。
病初灌根或喷药,链霉素粉绿得保;
或可杀得可湿粉,优选琥胶肥酸铜。

表 9-10　防治草莓青枯病使用药剂

通用名称(商品名称)	剂　型	使用方法
链霉素	72%可湿性粉剂	3000 倍液喷雾
碱式硫酸铜(绿得保)	30%悬浮剂	400 倍液喷雾
氢氧化铜(可杀得)	77%可湿性粉剂	500 倍液喷淋茎基部
琥胶肥酸铜	50%可湿性粉剂	500 倍液喷雾

草莓病毒病

【诊　断】

草莓病毒全株染,花叶皱缩和黄边。

斑驳矮化生长缓,产量减少质劣变。

【防　治】

抗病品种应先选,茎尖脱毒要发展。

田间检查须做到,拔除病株并烧掉。

发病初期始喷药,常用抗毒剂一号;

植病灵剂需喷雾,病毒 A 要适浓度;

以上药剂轮换用,防治蚜虫应当先。

表 9-11　防治草莓病毒病使用药剂

通用名称(商品名称)	剂　型	使用方法
菇类蛋白多糖(抗毒剂一号)	0.1%水剂	300 倍液喷雾
十二烷基硫酸钠(植病灵)	1.5%乳剂	1000 倍液喷雾
盐酸吗啉胍·铜(病毒 A)	20%可湿性粉剂	500 倍液喷雾

草莓芽枯病

【诊　断】

芽枯俗称烂心病,棚室草莓发生重。

初染新芽和花苞,萎蔫青枯变黑褐。

柄基托叶若侵染,成叶展开也萎蔫。

病株叶数果数减,重时全株也死完。

病部灰霉病菌产,成为灰霉发病原。

【防　治】

病田一般不育苗,密度深度应记牢;

病叶老叶全摘光,通风换气生长好;

放风适时和适量,合理浇水把湿降。

现蕾期间药始喷,甲硫湿粉百菌清;

多霉灵或甲霉灵,采前三天药液停。

表 9-12　防治草莓芽枯病使用药剂

通用名称(商品名称)	剂　型	使用方法
甲基硫菌灵	50%可湿性粉剂	500 倍液喷雾
百菌清	75%可湿性粉剂	600 倍液喷雾
多·霉威(多霉灵)	50%可湿性粉剂	1000 倍液喷雾
硫菌·霉威(甲霉灵)	65%可湿性粉剂	1500 倍液喷雾

草莓根腐病

【诊　断】

急性慢性很常见,急性发生春夏间;

雨后突然凋叶尖,状似青枯株死完。
慢性定植冬初见,下叶始发红叶缘;
逐渐向上萎枯蔫,根系中柱红褐现。
不定新根症状显,中间表皮坏死完;
红褐黑褐梭长斑,病部一般不凹陷;
病健交界很明显,木质褐坏病症重;
整根干枯叶萎蔫,最后全株枯死完。

【防　治】

轮作倒茬四五年,植株残体拔除完;
施肥原则心中念,重磷重钾适量氮;
灌水原则记心间,头水要晚二水赶;
花开果熟水分保,滴灌渗灌效果好。
药剂防治密相联,主抓苗期是重点。
中心病株重点防,灌根喷洒作用强。
瑞毒锰锌杀毒矾,克露施用隔七天。
棚室草莓药敏感,药剂浓度按低限。

表 9-13　防治草莓根腐病使用药剂

通用名称(商品名称)	剂　型	使用方法
甲霜灵·锰锌(瑞毒锰锌)	58%可湿性粉剂	500 倍液喷雾或灌根
噁霜锰锌(杀毒矾)	64%可湿性粉剂	500 倍液喷雾或灌根
霜脲·锰锌(克露)	72%可湿性粉剂	800 倍液喷雾或灌根

第十章　果树虫害诊断与防治

桃小食心虫

【危害及分布】

苹果主产在北方,桃小分布比较广。
寄主植物很多样,桃李苹果梨海棠。
幼虫蛀果后两天,入果孔洞似针眼。
入果孔处果胶见,虫在果肉纵横窜;
直达果心排粪便,果肉变成豆沙馅。
幼虫成熟脱果后,果实胴部有圆孔;
初咬果孔积粪产,受害果实食不堪。

【防　治】

各种措施结合到,预防测报很重要;
防治时期计算准,提高防效节成本。
天敌一定要保护,维护生态少用药。
桃小过冬有习性,主要集中树根颈。
过冬幼虫防地面,秋季深翻埋虫茧。
性外激素可应用,果园养鸡也可行。
产卵之前要套袋,防止果实受危害。
树上喷药蛀果防,无害农药力推广;
氯氰菊酯杀螟松,天王星油和功夫;
配制浓度看商标,轮换应用长防效。

表 10-1　防治桃小食心虫使用药剂

通用名称(商品名称)	剂型	使用方法
氯氰菊酯	5%乳油	2000~3000 倍液喷雾
杀螟硫磷(杀螟松)	50%乳油	1000 倍液喷雾
联苯菊酯(天王星)	10%乳油	6000~8000 倍液喷雾
氯氟氰菊酯(功夫)	2.5%乳油	2500~3000 倍液喷雾

苹小食心虫

【危害及分布】

苹小害虫多别名,苹小干疤或青疔。
果肉浅层多危害,主要症状显果外。
果孔周围小红圈,幼虫长大外扩展;
褐色干疤最明显,几个小孔在疤面;
少许粪便露虫疤,严重果实早落下。

【防　治】

综合防治很重要,预测预报不能少;
温湿光照影响多,根据季节测报好。
糖醋诱蛾加观天,喷药时间好推算。
草帘草把麻袋片,脱果熟虫好诱杀。
越冬幼虫羽化前,老死翘皮刮除完。
枯枝败叶彻底扫,集中园外及时烧。
化学药物防效高,高效低毒要记牢;
甲氰菊酯桃小灵,巴丹湿粉乐斯本;
以上药剂互轮换,间隔七天防三遍。

表 10-2　防治苹小食心虫使用药剂

通用名称(商品名称)	剂　型	使用方法
甲氰菊酯	20%乳油	2000~3000 倍液喷雾
菊·马(桃小灵)	30%乳油	2000~2500 倍液喷雾
杀螟丹(巴丹)	95%粉剂	3000 倍液喷雾
毒死蜱(乐斯本)	40%乳油	1000~1500 倍液喷雾

梨小食心虫

【危害及分布】

梨小属于世界虫,我国各地均发生。

危害寄主有好多,杏李桃梨和苹果。

多数害虫萼洼入,少数幼虫果面蛀;

早期害果虫粪出,晚期害果无虫粪。

幼虫蛀入果心处,高湿情况蛀孔观;

周围变黑扩腐烂,苹果蛀孔不变黑。

李果受害易脱落,危害桃杏近果核。

嫩梢受害枯垂掉,群众称其为折梢。

桃和苹果若混栽,苹果最易受危害;

受害果内无粪便,虫道粗而又简单;

果孔围缘色变褐,幼果时期可食核。

幼虫老熟多脱果,枝杈皮缝化蛹壳。

【防　治】

综合防治离不了,提高防效先测报。

测报方法有四种,糖醋酒液性激素;

田间查卵黑光灯,配合应用预测准。

其他果树不混栽,转移寄主要杜绝。

越冬幼虫冬前灭,诱草翘皮烧园外。
喷洒药剂时期算,成虫卵盛最关键。
七至九月是重点,选好药剂把好关;
喷洒速灭杀丁油,溴氰菊酯天王星;
严格浓度看商标,轮换应用长防效。

表10-3　防治梨小食心虫使用药剂

通用名称(商品名称)	剂　型	使用方法
氰戊菊酯(速灭杀丁)	20%乳油	2000倍液喷雾
溴氰菊酯	5%乳油	4000~5000倍液在害虫发生初期喷雾
联苯菊酯(天王星)	10%乳油	6000~8000倍液喷雾

梨大食心虫

【危害及分布】

幼虫危害是重点,芽花叶果全难免。
被害花叶部分枯,或者全都成枯萎。
入蛀果实胴部先,不食果皮果肉间;
较大蛀孔虫粪生,俗语常被称冒粪。
被害果实渐缩干,最后脱落色变黑。
幼虫害果二十天,化蛹吐丝果柄缠;
悬挂不落吊死鬼,虫果变黑并缩干。

【防　治】

药剂人工相配套,防治时间掌握好。
一至二代幼虫检,出土转芽是关键;
二至三代认真看,转果期防是重点。
其次各代卵盛防,预测预报不可忘。

甲氰菊酯天王星,功夫乳油和巴丹。

表 10-4　防治梨大食心虫使用药剂

通用名称(商品名称)	剂　型	使用方法
甲氰菊酯	20%乳油	2000 倍液喷雾
联苯菊酯(天王星)	10%乳油	6000 ~ 8000 倍液喷雾
氯氟氰菊酯(功夫)	2.5%乳油	2000 ~ 2500 倍液喷雾
杀螟丹(巴丹)	95%粉剂	3000 倍液喷雾

梨象甲

【危害及分布】

成虫害食枝叶花,果皮果肉也难免。
幼果重害萎落干,不落部分有特点;
愈伤之后疮痂显,俗语常叫做麻脸。
成虫产卵前后防,卵果果柄被咬伤;
导致卵果落大量,幼虫果内蛀果肉。
卵果如果未脱落,果肉被蛀皱缩脱。
不脱落者看果面,凹凸不平畸果产。

【防　治】

成虫出土防治早,清晨摇振树下落;
下接布单捕杀虫,五天一次虫害控。
及时捡拾脱落果,集中处理果中虫。
成虫发生药液喷,敌百虫或敌敌畏;
配药时候商标看,间隔十天防三遍。

表 10-5 防治梨象甲使用药剂

通用名称	剂型	使用方法
敌百虫	90%可溶性粉剂	600～800 倍液喷雾
敌敌畏	80%乳油	1000 倍液喷雾

棉 铃 虫

【危害及分布】

幼虫危害是重点,嫩梢幼叶被咬完;
造成空洞缺刻产,蛀果大孔落腐烂。

【防　治】

预测预报应搞好,农业防治配合到。
棉花番茄远离园,产卵数量可减少。
高压汞灯黑光灯,杨树枝把诱蛾虫。
药剂防治抓时间,孵化盛期是重点。
二龄幼虫未蛀果,农梦特油喷雾好;
天王星或抑太保,功夫乳油卡死克。

表 10-6 防治棉铃虫使用药剂

通用名称(商品名称)	剂型	使用方法
啶虫隆(抑太保)	25%乳油	2000 倍液喷雾
氯氟氰菊酯(功夫)	2.5%乳油	2000～2500 倍液喷雾
氟虫脲(卡死克)	21%乳油	4000 倍液喷雾
联苯菊酯(天王星)	2.5%乳油	3000 倍液喷雾
氟苯脲(农梦特)	26%乳油	1000 倍液喷雾

螨 类

【危害及分布】

(1)山楂红蜘蛛

该虫危害多果树,梨桃山楂是寄主。
花芽叶芽及嫩叶,成若幼虫吸汁液。
危害展叶叶背面,吸食汁液营养减。
叶片受害叶色变,出现黄绿白色斑;
随后扩大连成片,最后全叶焦枯完。
产量质量全下降,花芽分化受影响。

(2)苹果红蜘蛛

该虫有名全爪螨,全国各地较普遍。
危害果树好多样,桃李苹果梨海棠。
春芽受害色变黄,展叶开花受影响。
雌成螨害叶正面,不吐丝来不连网。
被害叶面失绿点,严重叶片绿色变。
幼螨若螨雄成螨,叶背活动多常见;
静止多在叶脉旁,口器固定叶片上。

(3)苹果长翅红蜘蛛

该虫又名果台螨,国内分布较普遍。
危害果树比较多,桃李苹果梨沙果。
台螨危害有区别,正反叶面都受害。
受害枝芽枯黄变,严重枯焦死亡完。
叶片受害苍白点,叶变黄绿症状显。

(4)李始叶螨

危害果树好多样,主害苹果梨海棠。

其次危害杏李桃,还有葡萄和大枣。
苹果受害有特点,中脉两侧叶下面;
叶片受害苍黄斑,叶片卷曲呈枯干;
继续发展叶早落,产量降低树势弱。

【防　治】

综合防治四叶螨,搞好测报抓关键。
山楂李始二叶螨,防治时期两时间;
花后十天第一批,二十五天第二期。
全爪果台二叶螨,一抓防治越冬卵;
喷药花蕾膨大前,孵化盛期第二遍。
生态果园产品好,保护天敌很重要。
化学农药合理选,石硫合剂用芽前。
开花展叶已结果,购买配药讲科学。
哒螨灵或喹螨特,尼索朗或阿波罗;
多种方法要配合,轮换使用好效果。

表 10-7　防治螨类使用药剂

通用名称(商品名称)	剂　型	使用方法
石硫合剂	45%晶体	30倍液于芽前喷雾
哒螨灵	15%乳油	1500～2000倍液喷雾
喹螨特	9.5%乳油	2000～3000倍液在害螨发生初期均匀周到喷雾
噻螨酮(尼索朗)	5%乳油	2000～2500倍液喷雾
四螨嗪(阿波罗)	20%悬浮剂	2000～3000倍液喷雾

苹果黄蚜和瘤蚜

【危害及分布】

(1)苹果黄蚜(苹果蚜)

苹果蚜害时间长,国内分布比较广。
寄主植物好多样,桃李苹果杏海棠。
新梢嫩芽和叶片,群集危害是重点。
被害叶尖向背卷,刺吸汁液色泽变;
光合作用受影响,抑制新梢缓生长;
严重危害叶果落,影响发育树势弱。

(2)苹果瘤蚜

苹卷叶蚜是别名,苹果产区全发生。
寄主植物有几样,苹果沙果和海棠。
瘤蚜危害集梢叶,幼果嫩芽吸汁液;
叶片被害症状显,叶缘呈筒卷背面;
叶面皱缩有红斑,继续发展后枯干。
幼果被害红斑产,造成斑痕下凹陷。
新梢生长已受限,当年次年减产量。

【防 治】

黄蚜瘤蚜较普遍,防治技术很简单。
柴油乳剂喷芽前,方可消灭越冬卵。
生态果园应推广,保护天敌科学讲;
养放草蛉和瓢虫,不用农药虫害控。
化学防治不可少,杀虫快速效率高;
防蚜农药种类多,吡虫啉药好效果;
生物农药提倡用,阿维菌素防效灵;

莫比朗或天王星,轮换使用好效应。

表 10-8 防治苹果黄蚜和瘤蚜使用药剂

通用名称(商品名称)	剂　型	使用方法
吡虫啉	6%可溶性粉剂	1800～2500 倍液均匀喷雾
阿维菌素	1.8%乳油	3000～4000 倍液喷雾
啶虫脒(莫比朗)	3%乳油	2000 倍液在蚜虫危害初期均匀周到喷雾
联苯菊酯(天王星)	2.5%乳油	3000 倍液喷雾

苹果绵蚜(血蚜)

【危害及分布】

苹果绵蚜源美国,世界各地已传播。
我国局部仅发生,检疫对象已确定。
寄主植物好多样,苹果沙果和海棠。
该虫危害很特别,幼嫩枝梢群集害。
根部枝干不例外,吸取根干伤口液;
伤口剪口常出现,棉絮状物多布满。
害部膨大很奇怪,形似瘤状而破裂;
水分输导成障碍,严重逐渐枯死坏。
受害果树长势弱,产量下降寿命衰。

【防　治】

调运苗木和接穗,从严把关强检疫;
绵蚜发生危害地,苗木接穗禁止引。
绵蚜天敌好几种,异色瓢虫和草蛉;
七星瓢虫日光蜂,多加保护和利用。

绵蚜药防有不同,既防树上又防根。
树上喷药选几种,首选药物属低毒;
氯氰菊酯乐斯本,轮换使用无抗性;
吡虫啉或啶虫脒,科学配制好效应。

表 10-9　防治苹果绵蚜使用药剂

通用名称(商品名称)	剂　型	使用方法
氯氰菊酯	10%乳油	2000 倍液喷雾
毒死蜱(乐斯本)	48%乳油	1500 倍液喷雾
吡虫啉	10%可湿性粉剂	3000～5000 倍液喷雾
啶虫脒	3%乳油	2000 倍液在绵蚜危害初期喷雾

大青叶蝉

【危害及分布】

大青叶蝉有别名,青中跳蝉浮尘子。
全国各地很普遍,主害幼树最常见。
枝干危害有特征,雌性成虫划皮层;
产卵划破皮层中,皮伤形成半圆形。
受害枝条冬易冻,幼树抽条是原因。

【防　治】

该虫防治并不难,十月中旬产卵前。
石灰涂白幼枝干,阻碍成虫把卵产;
卵量较大苹果园,木棍挤压越冬卵。
成虫具有趋光性,大力推广杀虫灯。
果园附近选地形,潮湿背风最可行;
小块地形种蔬菜,招引成虫集中灭。

该虫一年有三代,蔬菜苹果主危害。

危害苹果第三代,一般幼果不套菜。

晚秋成虫多杀灭,防止产卵把冬越。

甲氰菊酯吡虫啉,氟虫腈或阿克泰;

科学配制看说明,轮换应用无抗性。

表 10-10　防治大青叶蝉使用药剂

通用名称(商品名称)	剂　型	使用方法
甲氰菊酯	20%乳油	2500~3000 倍液喷雾
吡虫啉	20%乳油	1500~2000 倍液喷雾
氟虫腈	5%悬浮剂	1000~1500 倍液喷雾
噻虫嗪(阿克泰)	25%水粒剂	6000~8000 倍液在害虫发生初期均匀周到喷雾

苹果塔叶蝉

【危害及分布】

该虫分布地域广,陕西宁蒙等地方。

寄主果树有好多,苹果葡萄和沙果。

被害叶片显灰黄,螨类危害特别像。

【防　治】

药剂防治是重点,菊马乳油双甲脒;

辛氰乳油来福灵,轮换使用好效应。

表 10-11　防治苹果塔叶蝉使用药剂

通用名称(商品名称)	剂　型	使用方法
菊·马	30%乳油	2500 倍液喷雾
双甲脒	20%乳油	1500 倍液喷雾
辛·氰	50%乳油	1500 倍液喷雾
顺式氰戊菊酯(来福灵)	5%乳油	3000 倍液喷雾

金龟甲类

【危害及分布】

金龟甲虫种类多,幼虫俗名叫蛴螬。
幼虫危害在地下,成虫多食叶芽花。
成虫危害有特点,夏季群聚迁果园;
数量多时很猖狂,芽叶一夜可食光。
苹果黑绒金龟甲,早春常害花和芽;
铜绿四斑金龟甲,危害叶片多在夏;
棕黑华北金龟甲,幼虫害根在地下;
苹毛白星小青花,取食活动在白天;
黑绒铜绿金龟甲,危害早晚及夜间;
多数都有假死性,遇到低温不活动。

【防　治】

金龟虫源分布广,荒山草地渠道旁。
种类多样数量大,综合防治虫口压。
果园安装杀虫灯,糖醋液加敌百虫。
利用成虫假死性,捕捉诱杀效果明。
未熟厩肥有幼虫,果园追肥避免用。
成虫防治讲技巧,化学农药施土表;

果园树盘杂草内,辛硫磷液细喷淋;
表土喷洒浅锄施,潜伏土中成虫死。
树上喷药讲时效,傍晚喷施效果好。
食花食叶种类多,成虫初发喷农药。
杀螟松或敌灭灵,驱避成虫有效应。

表 10-12　防治金龟甲类使用药剂

通用名称(商品名称)	剂　型	使用方法
辛硫磷	50%乳油	每 667 平方米 0.3～0.4 千克加细土 30～40 千克拌成毒土撒施
杀螟硫磷(杀螟松)	50%乳油	1000 倍液喷雾
除虫脲(敌灭灵)	40%乳油	2000～2500 倍液喷雾

苹果桑天牛

【危害及分布】

桑天牛称凿木虫,危害寄主好多种;
苹果梨桃和林木,苹果受害最严重。
幼虫蛀害有位置,树干主枝粗侧枝。
受害枝干有特征,距离相隔粪孔生;
由上向下孔间远,同一方位不混乱;
发现木质较坚硬,才把方向转一边;
排出粪便堆地面,树势衰弱叶色变。

【防　治】

早晨摇动树枝干,天牛成虫坠地面。
人工捕捉全灭完,产卵伤疤若发现;
速对蛀孔仔细检,铁钩狠挖石块碾。

侧枝基部向阳面,产卵刻槽若看见;
人工灭卵好办法,锤敲刀刺快杀卵。
依据鲜粪找蛀孔,注射药液再封洞;
辛硫磷或敌敌畏,杀螟松或毒死蜱;
五十倍液棉球蘸,大小蛀孔都塞满;
黏泥要把蛀孔封,塑料薄膜包扎严。

表 10-13　防治苹果桑天牛使用药剂

通用名称(商品名称)	剂　型	使用方法
辛硫磷	50%乳油	20倍液注射蛀孔
敌敌畏	80%乳油	10倍液注射蛀孔
杀螟硫磷(杀螟松)	50%乳油	50倍液注射蛀孔
毒死蜱	40%乳油	50倍液注射蛀孔

苹果小吉丁虫

【危害及分布】

该虫俗称串皮虫,国内检疫已确定。
危害寄主好多样,苹果沙果梨海棠。
危害部位主侧枝,幼虫串食皮层内;
串食小孔两边排,形成层断多受害;
逐渐干裂下凹陷,黑褐伤疤后出现。
皮层蛀食有特征,红棕胶液气孔流;
黄白胶滴干后显,枝条受害枯死干。
成虫喜光和高温,枝干阳面多产卵。
中午高温很活跃,沿着树冠经常绕;
早晚阴天藏枝干,有时静伏叶背面。

成虫取食叶边缘,咬成缺刻食量减;
枝干裂缝芽两边,二十四日后产卵。

【防　治】

加强检疫很重要,带虫苗穗不外调。
早春芽前秋叶落,虫疤位置药液抹;
敌敌畏或毒死蜱,配制浓度二十倍;
毛刷涂抹虫疤表,皮内幼虫好防效。
成虫抗药性很强,常用药剂都可防;
马拉松速灭杀丁,羽化盛期要应用。

表 10-14　防治苹果小吉丁虫使用药剂

通用名称(商品名称)	剂　型	使用方法
敌敌畏	80%乳油	20 倍液用毛刷涂抹虫疤
毒死蜱	40%乳油	20 倍液用毛刷涂抹虫疤
马拉硫磷(马拉松)	50%乳油	1500 倍液在成虫盛发期喷雾
氰戊菊酯(速灭杀丁)	20%乳油	2000～3000 倍液在成虫盛发期喷雾,间隔半月连喷 2 次

梨　圆　蚧

【危害及分布】

国内分布比较广,主害区域偏北方。
食性极杂多寄主,危害果树和林木。
主害苹果杏梨桃,核桃山楂和葡萄。
地上树枝全寄生,刺吸枝干伤皮层;
韧皮导管组织表,皮层木栓渐裂爆;
抑制生长又落叶,严重枝枯整株灭。

【防　治】

落叶之后萌芽前,防治该虫很关键。
石硫合剂五度选,树上枝干全喷完。
冬季修剪仔细观,受害枝梢全部剪。
该虫天敌资源多,保护天敌要记牢。
生长时期若危害,掌握规律喷药液。
雌虫产卵雄羽化,最好时期紧紧抓。
毒死蜱油或菊马,间隔半月两遍洒;
轮换使用效果显,伤害天敌药避免。

表 10-15　防治梨圆蚧使用药剂

通用名称	剂　型	使用方法
石硫合剂	45%晶体	30 倍液于发芽前喷洒枝干
毒死蜱	40%乳油	1000~1500 倍液喷雾
菊·马	20%乳油	1500 倍液喷雾

日本球坚蚧

【危害及分布】

该虫分布多个省,陕西河北和山东。
危害寄主比较多,桃杏李梨和苹果。
寄主常见雌介壳,终生吸取组织液;
受害生长现不良,严重寄主枯死亡。
雌性成虫如球样,雄虫介壳如毡状;
淡橘红色圆形卵,白色蜡粉卵面显。
初孵若虫椭圆扁,淡血红色是特点。
叶背若虫夏天现,蜡层透明黄色淡。

【防　治】

该虫防治并不难,具体参考梨圆蚧。

草　履　蚧

【危害及分布】

草履蚧有好名称,又叫草鞋介壳虫。
果树产区多寄主,桃李苹果和桑树。
早春若虫树上爬,群集危害食嫩芽。
枝芽枯萎长势弱,影响发育产量少。
该虫一年只一代,树基土中越冬害。

【防　治】

秋冬深翻挖树盘,清除干基囊中卵。
若虫危害上树前,黄油机油各一半;
溶化后对杀虫剂,涂成药环树干基;
涂抹干基十厘米,可阻若虫上树干。
该虫天敌好多种,保护天敌责任重。
喷洒农药要慎选,伤害天敌药避免;
若虫危害防不难,具体梨圆蚧参看。

梨花网蝽

【危害及分布】

该虫异名好多种,梨花网蝽花编虫。
危害寄主比较广,桃杏苹果梨海棠。
成虫若虫寄叶背,刺吸汁液叶苍白。
黑褐粪便叶背满,危害重时叶色变;

叶色显褐快枯落,产量减少树势弱。
此虫北方三四代,四月上旬始危害。
成虫越冬有特点,翘皮枯枝落叶片;
或者杂草缝隙间,土块下面也发现。

【防　治】

该虫越冬有特点,成虫下树越冬前;
草把捆绑在树干,诱集成虫很方便。
冬季清扫苹果园,刮皮之后翻树盘。
越冬虫源消灭完,掌握规律防不难。
化学防治抓时机,越冬成虫出蛰期;
一代若虫孵化盛,喷洒药剂控虫生。
敌敌畏或杀螟松,哒嗪硫磷吡虫啉;
购买农药说明看,选择应用抓关键。

表 10-16　防治梨花网蝽使用药剂

通用名称(商品名称)	剂　型	使用方法
敌敌畏	80%乳油	2000 倍液喷雾
杀螟硫磷(杀螟松)	50%乳油	1000 倍液喷雾
哒嗪硫磷	20%乳油	800～1000 倍液于害虫发生初期均匀喷雾
吡虫啉	10%可湿性粉剂	2000～3000 倍液喷雾

梨　蝽

【危害及分布】

梨蝽俗名好多种,花壮异蝽臭板虫。
广泛分布十多省,云南安徽和山东;

东北华北和中原,西北地区和陕甘。
危害寄主有好多,梨杏桃李和苹果。
芽花果实和枝叶,成虫若虫吸汁液。
叶片枝条若被害,影响生长树势衰。
果实被害发育停,畸形硬化不堪用。
严重危害引发病,煤污病害大流行。
夏季高温群集性,枝干背阴伏静静;
直至傍晚陆续散,取食危害在树冠。

【防　治】

控制虫源危害减,人工灭虫放在先。
成虫产卵在秋天,草把束缚在树干;
诱集其上把卵产,取下诱草卵灭完。
盛夏炎热查树干,树干阴凉处观看。
成虫若虫群集静,人工捕杀方可行。
化学防治抓时刻,高温群集春出蛰;
敌敌畏油马拉松,哒嗪硫磷吡虫啉;
合理配制恰当用,提高防效保环境。

表 10-17　防治梨蜡使用药剂

通用名称(商品名称)	剂　型	使用方法
敌敌畏	80%乳油	2000 倍液喷雾
马拉硫磷(马拉松)	50%乳油	1000 倍液喷雾
哒嗪硫磷	20%乳油	800～1000 倍液于害虫发生初期均匀喷雾
吡虫啉	10%可湿性粉剂	2000～3000 倍液喷雾

茶翅蝽

【危害及分布】

该虫俗名好多类,臭木椿象臭大姐。

危害寄主比较杂,苹果梨桃和山楂。

寄主嫩梢果和叶,成虫若虫吸汁液。

果实受害成畸形,果面凹凸很不平。

味道变苦莫食用,果害部位肉变硬。

幼果受害严重时,时常脱落造损失。

【防　治】

越冬时期杀成虫,产卵之前果袋套。

结合管理摘虫卵,化学防治药剂选。

敌敌畏或杀螟松,功夫乳油吡虫啉;

抓住时机是关键,轮换应用施二遍。

表 10-18　防治茶翅蝽使用药剂

通用名称(商品名称)	剂　型	使用方法
敌敌畏	80%乳油	2000 倍液喷雾
杀螟硫磷(杀螟松)	50%乳油	1000 倍液喷雾
氯氟氰菊酯(功夫)	2.5%乳油	3000 倍液于越冬成虫出蛰结束和低龄若虫期喷雾
吡虫啉	10%可湿性粉剂	2000～3000 倍液喷雾

苹果蠹蛾

【危害及分布】

苹果蠹蛾很危险,检疫防控必须严。

新疆全境分布遍,甘肃河西也可见。
该虫寄主有好多,苹果石榴梨杏桃。
果肉危害不可免,虫龄增长害扩展。
虫粪排至果外面,挂在果面成一串。
老熟幼虫结茧中,皮下缝隙可越冬。
翌春化蛹变成虫,昼伏夜出趋光性;
叶片果上把卵产,多在上层果叶片。
初孵幼虫有特点,四处爬行在果面;
寻找入果合适位,苹果多从胴入里;
香梨蛀入萼洼处,杏子多在梗洼蛀。

【防　治】

监测防控首当先,疫区禁止果外传;
非疫地区强检疫,各种仪器要备齐。
杀虫灯加诱捕器,观测查看须定期。
疫区防控更重要,各种措施要配套。
果园果窖越冬场,彻底清除不可忘。
粗皮翘皮及时刮,杂草丛木及时挖。
瓦楞纸或粗麻布,主杆分枝上绑缚;
越冬幼虫可诱集,诱集害虫定处理。
化学防治不可少,科学选药防要早;
氯氰菊酯毒死蜱,胺甲萘或虫酰肼;
配制药液商标看,间隔十天喷三遍。

表 10-19　防治苹果蠹蛾使用药剂

通用名称(商品名称)	剂　型	使用方法
氯氰菊酯	10%可湿性粉剂	2000～3000 倍液喷雾
毒死蜱	40%乳油	1000～2000 倍液喷雾

通用名称(商品名称)	剂　型	使用方法
甲萘威(胺甲萘)	25%可湿性粉剂	400 倍液喷雾
虫酰肼	24%悬浮剂	1000~2000 倍液喷雾

麻 皮 蝽

【危害及分布】

麻皮蝽虫有好名,黄斑椿象黄霜蝽。
危害寄主多作物,桃梨蔬菜和苹果。
成虫若虫吸汁液,果实嫩梢都危害。
果实被刺肉变硬,木栓畸形难食用。

【防　治】

抓紧时机防该虫,具体参照茶翅蝽。

星 天 牛

【危害及分布】

国内分布很广泛,甘肃以东辽宁南。
寄主植物好多样,危害林木杨柳桑;
还害梨李和杏桃,又害山楂和苹果。
幼虫危害有特征,主要受害干根颈;
养分水分难输送,枝干死亡危害重。
成虫早晚不活动,触动虫体假死性;
卵产主干近地面,五十厘米范围限;
根茎皮层多啃咬,产卵皮下横沟槽;
幼虫孵化蛀食多,蛀孔外排堆木屑。

【防　治】

早晨摇树虫坠落,人工捕杀把虫捉。

及时捕捉消灭掉,铁丝钩杀幼虫道。

产卵伤疤多检查,石块敲打刀子挖。

幼虫蛀孔掏木屑,敌敌畏药灌虫道。

维护生态很重要,保护天敌要记牢。

表 10-20　防治星天牛使用药剂

通用名称	剂　型	使用方法
敌敌畏	80%乳油	10～50倍液涂抹产卵痕毒杀初龄幼虫

顶斑筒天牛

【危害及分布】

广泛分布好多省,川陕辽宁和山东。

危害寄主好多种,苹果桃梨还有杏。

幼虫危害在细枝,多在枝梢内蛀食。

一年发生只一代,被害枝内把冬越。

成虫口器咬破皮,卵产新梢皮层内。

幼虫蛀害嫩木质,顺沿髓部向下食;

危害枝条有特征,受害枝条变空筒;

咬成圆形排粪孔,黄色粪便生孔洞。

【防　治】

组织群众多捕捉,发现虫枝及时剪。

清除虫源不拖延,成虫出现喷农药。

敌敌畏或杀螟松,甲氰菊酯乐斯本;

参看商标和说明,抓好机会防效灵。

表 10-21　防治顶斑筒天牛使用药剂

通用名称(商品名称)	剂　型	使用方法
敌敌畏	80%乳油	2000 倍液喷雾
杀螟硫磷(杀螟松)	50%乳油	1000 倍液喷雾
甲氰菊酯	25%乳油	2000 倍液喷雾
毒死蜱(乐斯本)	40%乳油	1000～1500 倍液喷雾

苹小卷叶蛾

【危害及分布】

该虫异名有好多,又叫苹小黄卷蛾。

国内分布多地域,东北西北和华北。

寄主范围特别多,苹果梨李杏和桃;

柑橘石榴和山楂,刺槐丁香和棉花。

受害最重苹果桃,主害芽花叶和果。

叶芽受害不伸展,叶片展后呈纵卷;

数叶连缀成一团,啃食变成筛子眼;

还可啃食果实皮,点片坑洼不规则;

形成干疤质量低,遇雨腐烂又发霉。

幼虫孵化初始期,分散吐丝而下垂。

【防　治】

农业措施是基础,粗老翘皮要刮除。

春季结合疏花果,及时检查除虫苞。

清理虫残洁果园,集中处理焚烧完。

涂杀幼虫萌芽前,幼虫尚未出蛰间;

二百倍液杀螟松,涂抹锯口和枝杈。

利用趋性防虫害,性诱剂和糖醋液;

杀虫灯具果园设,不用农药把虫灭。
生物防治可应用,人工施放赤眼蜂;
春季天敌数量少,人工放蜂寄生高。
化学防治抓时机,各代幼虫初孵期。
灭幼脲或乐斯本,敌杀死或马拉松;
相互交替无抗性,关键时期树体喷。

表 10-22　防治苹小卷叶蛾使用药剂

通用名称(商品名称)	剂　型	使用方法
杀螟硫磷(杀螟松)	50%乳油	200倍液涂抹锯口和枝杈
除虫脲(灭幼脲)	20%悬乳剂	1000倍液喷雾
毒死蜱(乐斯本)	48%乳油	1000倍液喷雾
溴氰菊酯(敌杀死)	2.5%乳油	3000倍液喷雾
马拉硫磷(马拉松)	50%乳油	1000倍液喷雾

黄斑长翅卷叶蛾

【危害及分布】

国内分布好多地,华北东北和西北。
危害寄主有好多,桃李海棠和苹果。
幼虫吐丝连数叶,卷叶居中食叶害。
受害叶片显孔洞,一般果实不食啃。
一年发生三四代,幼虫转叶多危害。

【防　治】

休眠期间多净园,杂草落叶扫除完。
综合防治合理用,关键技术要弄懂。
化学防治抓时机,各代幼虫初孵期;

有机磷和菊酯类,参看商标好配制。

顶梢卷叶蛾(顶芽卷叶蛾、芽白卷叶蛾)

【危害及分布】

国内分布好多地,东北华北和西北。
寄主植物有好多,山楂海棠和苹果。
幼虫专害嫩枝梢,吐丝连叶结虫苞。
刮下叶片背绒毛,绒毛和丝做原料;
织成丝囊有用场,囊内幼虫身体藏;
取食虫体露囊外,新梢干枯已受害。
生长点部受损伤,受到抑制再不长。
被害枯叶冬季瞧,残留梢头仍不落。
幼树果苗正旺长,该虫危害比较广;
树冠扩大受影响,苗木出圃质量降。
成虫黄昏始活动,具有微弱趋光性。

【防 治】

农业措施最先用,勤于观察勤捕虫。
冬季修剪仔细看,被害新梢全部剪。
越冬幼虫全灭完,翌年生长无后患。
过冬虫量顶梢多,被害枝梢叶不落。
容易识别防治早,细致修剪可除掉。
剪下枯梢暂不烧,保护天敌很重要。
运出园外要堆放,寄蜂羽化不受伤;
害虫无食而死亡,一举两得把虫防。
化学防治要记牢,提高防效少用药;
卷叶害虫相结合,一次用药防虫多。

毒死蜱或丙硫磷,氯氰菊酯天王星;

以上药剂互轮换,适时防治效明显。

表 10-23　防治顶梢卷叶蛾使用药剂

通用名称(商品名称)	剂　型	使用方法
毒死蜱	20%乳油	1500～2500倍液在幼虫发生初期喷雾
丙硫磷	20%乳油	1000～1500倍液喷雾
氯氰菊酯	10%乳油	1000～1500倍液在各代幼虫孵化初期喷雾
联苯菊酯(天王星)	2.5%乳油	3000倍液喷雾

梨星毛虫

【危害及分布】

该虫有个形象名,群众俗称饺子虫。

国内分布好多地,华北华东和西北;

西北地区较常见,管理粗放受害遍。

危害寄主有多样,苹果山定和海棠。

幼虫食害芽花叶,叶肉食光重危害。

早春钻食花芽间,幼虫吐丝连叶缘;

叶片纵折向正面,饺子虫苞最终显;

苞内危害食叶肉,留下表皮叶焦萎。

萌芽幼虫始出蛰,蛀食花芽流汁液。

北方一年只一代,二龄幼虫越冬害;

枝干翘皮土根颈,幼虫结茧在其中;

成虫白天伏叶背,傍晚夜间活动飞;

雌虫激素若分泌,引诱雄蛾来交配;

早晨气温比较低,成虫受害易落地。

【防　治】

防治技术分三步,摘苞刮皮和药剂。

刮除树皮第一步,消灭虫源最基础;

果树休眠多进行,树皮裂缝刮干净;

残枝虫叶要集中,运出果园彻底焚。

该虫危害症状显,勤于劳作细察观;

组织人力摘虫苞,集中处理并焚烧。

药剂防治抓时机,萌芽开花出蛰期;

一代幼虫孵化中,喷洒农药最有用;

马拉硫磷杀螟松,溴氰菊酯高氯辛;

轮换应用喷三遍,间隔七天最安全。

表 10-24　防治梨星毛虫使用药剂

通用名称(商品名称)	剂　型	使用方法
溴氰菊酯	2.5%乳油	2000～3000 倍液在幼虫孵化初期喷雾
马拉硫磷	50%乳油	1000 倍液喷雾
杀螟硫磷(杀螟松)	50%乳油	1000 倍液喷雾
高氯·辛	20%乳油	2000 倍液于幼虫发生期喷雾

黑星麦蛾(卷叶麦蛾)

【危害及分布】

该虫分布多省份,河南陕西和吉林。

危害寄主好多样,桃杏苹果和海棠。

幼虫危害在树梢,吐丝连叶做虫巢;

做巢叶片有特点,丝质虫粪叶片间。
数虫群栖取食叶,留下表皮和叶脉。
管理粗放虫害多,受害枝梢后枯焦。
苹果桃树混栽园,受害相对较普遍。
幼虫受惊吐丝垂,成虫黄昏草上飞。

【防　治】

防治要抓三关键,喷药除巢和清园。
落叶杂草冬季清,杀死害虫越冬蛹;
人工摘除害虫巢,集中幼虫杀灭掉。
喷洒药剂有好多,梨星毛虫药参照。

苹果雕翅蛾

【危害及分布】

该虫分布多省份,陕甘内蒙和山东。
寄主果树好多样,苹果山定和海棠。
幼虫危害有特点,区分其他仔细看;
吐丝拉网嫩叶面,叶片向上呈微卷。
表皮叶肉啃食光,叶片网状焦枯样。
管理粗放苹果园,受害严重较普遍。
成虫傍晚飞树冠,主脉附近把卵产;
幼虫危害嫩叶卷,老熟幼虫内结茧。

【防　治】

果树休眠速清园,清扫落叶灭虫源。
喷洒药剂两关键,春季开花时间前;
花落以后第二遍,选择农药喷树冠。
喷洒药剂有好多,梨星毛虫药参照。

苹果潜叶蛾

【危害及分布】

该虫分布多区域,东北西北等省区。
危害寄主有好多,沙果海棠和苹果。
苹果受害最严重,危害叶片有特征;
幼虫潜入表皮内,取食叶肉皮肉离;
取食叶肉有特点,环形逐圈向外串;
粪便排列呈圆圈,轮纹枯斑呈近圆;
数个虫斑显叶面,受害严重落枯干。

【防　治】

害虫天敌有多种,保护利用寄生蜂,
维护果园生态平,发生害虫自然控。
消灭虫源清洁园,老翘树皮刮除完;
铁刷刷除越冬茧,残枝落叶要运远;
集中处理灭虫源,彻底焚烧无后患。
生长时期喷药剂,成虫盛发好时机;
速灭杀丁敌灭灵,马拉硫磷虫死净;
交替喷施无抗性,科学配制看说明。

表10-25　防治苹果潜叶蛾使用药剂

通用名称(商品名称)	剂　型	使用方法
氰戊菊酯(速灭杀丁)	20%乳油	2000~3000倍液于幼虫发生初期均匀喷雾
除虫脲(敌灭灵)	25%悬浮剂	2000~2500倍液于幼虫孵化初期喷雾
马拉硫磷	50%乳油	1000倍液喷雾
抑食肼(虫死净)	20%可湿性粉剂	1500~2000倍液于花前花后各喷1次

金纹细蛾

【危害及分布】

国内分布较普遍,河北山西和陕甘;
辽宁安徽和河南,国外危害也常见。
寄主植物比较多,海棠梨桃和苹果。
幼虫危害有特点,叶背表皮下入潜;
皮下活动食叶肉,梭形虫斑后期显。
皮下叶肉相离分,幼虫剥离表皮横;
叶片正面看虫斑,斑内堆积黑粪便;
眼观透明呈网眼,严重一叶多虫斑;
叶片扭曲皱缩完,虫斑表皮显枯干。
成虫早晚绕枝飞,卵散产于嫩叶背。

【防　治】

维护果园生态平,发生害虫自然控;
人工饲养寄生蜂,害虫体内茧化蛹;
果园深翻落叶扫,深埋沤肥蛹灭掉。
化学防治抓机遇,掌握时机高效率。
成虫发生正盛期,喷洒药剂好效应;
杀螟松或敌敌畏,速灭杀丁交替用。

表 10-26　防治金纹细蛾使用药剂

通用名称(商品名称)	剂　型	使用方法
杀螟硫磷(杀螟松)	50%乳油	1000 倍液喷雾
敌敌畏	80%乳油	1200～1500 倍液于幼虫发生期喷雾
氰戊菊酯(速灭杀丁)	20%乳油	2000～3000 倍液于幼虫发生初期均匀喷雾

银纹潜叶蛾

【危害及分布】

北方苹果分布遍，陕西甘肃山地园。

寄主植物有好多，海棠沙果和苹果。

幼虫主寄在叶片，上表皮下潜入害；

潜食虫斑有特点，绒状虫道叶面显。

幼虫发育逐渐长，虫道变粗成一样；

后期虫斑在叶缘，变成大块连一片；

形状不规有枯斑，黑褐虫粪叶背面。

成虫种类两类型，夏型冬型分仔细。

落叶杂草土块缝，冬型成虫能越冬。

【防　治】

发现该虫应防早，金纹细蛾作参照。

苹果梢叶蛾

【危害及分布】

该虫分布好多省，辽宁河北陕西等。

寄主植物有好多，梨树柿子和苹果。

幼虫危害新梢看，吐丝新叶纵卷连；

害叶黄色锈枯萎，新梢仅留主侧脉。

害叶残余屑绒毛，少数幼虫可食果。

北方一年生一代，虫源多从南方来。

成虫产卵嫩叶背，幼虫危害叶卷垂。

转梢危害是习性，果苗受害尤为重。

【防　治】

成虫趋光性较强,虫灯诱杀成虫防。
保护天敌生态平,危害出现自然控。
化学农药防效高,低毒高效要记牢。
该虫主害在新梢,喷雾工具要牢靠。
虫发初期施农药,重点喷布树枝梢;
阿维菌素杀螟松,间隔轮换好作用。

表 10-27　防治银纹潜叶蛾使用药剂

通用名称(商品名称)	剂　型	使用方法
阿维菌素	1.8%乳油	3000~4000 倍液在幼虫孵化初期喷雾
杀螟硫磷(杀螟松)	50%乳油	1000 倍液喷雾

苹果巢蛾

【危害及分布】

该虫异名有多种,俗称巢虫网子虫。
危害分布好多地,东北华北和西北。
寄主果树好多样,苹果沙果和海棠。
幼蛾危害显症状,吐出丝线把叶网;
幼虫群集网巢内,暴食叶片枯焦碎;
残黄枯叶留网巢,形似火烤呈枯焦。
管理粗放山地园,不喷农药发生遍。

【防　治】

该虫危害有特点,喜结网巢最明显。
虫口数量若较少,剪除虫巢应及早。

巢蛾害区很普遍,注意保护生态园。
化学药物防效高,低毒高效要记牢;
花前花后要喷药,网巢以前效果好。
阿维菌素杀螟松,或用苏云金杆菌。
后期网巢紧密结,药液喷洒难消灭;
无风傍晚放烟剂,熏杀防虫高效率。

表 10-28   防治苹果巢蛾使用药剂

通用名称(商品名称)	剂　型	使用方法
阿维菌素	1.8%乳油	3000～4000 倍液在幼虫孵化初期喷雾
杀螟硫磷(杀螟松)	50%乳油	1000 倍液喷雾
苏云金杆菌	100 亿活芽孢/克可湿性粉剂	500～1000 倍液喷雾

淡褐小巢蛾

【危害及分布】

该虫分布许多省,陕西甘肃山西等。
寄主果树有好多,樱桃山楂和苹果。
早春幼虫主害芽,吐出丝网缠芽花;
花芽受害不能开,并且流出褐色液。
梨星毛虫相比较,危害习性差不多。
展叶以后害叶片,幼虫拉网在叶面;
啃食叶片网中悬,食害叶肉上表面。
最后变成纱状网,被害叶片成枯样。
危害枝芽顶端上,一般不能再开放。

【防　治】

及早防治效果好,梨星毛虫可参照。

苹果舟蛾(苹果天红蛾、苹果舟形蛾)

【危害及分布】

国内分布危害广,主要地域在南方。
寄主植物好多样,桃李梅树和海棠;
山楂枇杷和苹果,梨树板栗和核桃。
幼虫群集食叶片,叶片被食网状显;
稍大叶片都食光,仅留叶柄在枝上。
幼虫群集叶上害,排列整齐头向外;
静止之时有特点,头腹上举形似船。
成虫具有趋光性,白天静止夜间行。
幼虫生活恰相反,夜间取食白天藏;
幼虫如果受吓惊,吐丝下坠很典型。

【防　治】

果园劳作精细管,秋季要把树盘翻;
虫蛹暴露于地面,风吹日晒全死完。
吐丝下坠习性抓,竹竿惊动捕打杀;
集中处理灭幼虫,每隔数日捕一次。
生物制剂多应用,阿维菌素效果显;
老熟幼虫下地面,白僵菌剂洒树盘;
参看商标阅说明,正确喷施好效应。
化学防治多农药,梨星毛虫可参照。

表 10-29　防治苹果舟蛾使用药剂

通用名称	剂　型	使用方法
阿维菌素	1.8%乳油	3000～4000 倍液在幼虫孵化初期喷雾
白僵菌	50 亿～80 亿个孢子/克可湿性粉剂	每 667 平方米施用 2 千克,对水150～200 升均匀喷于树盘内

黄褐天幕毛虫

【危害及分布】

天幕毛虫有十种,我国分布好多省。
黄褐天幕最广泛,大多省区均发现。
寄主植物有多样,李杏苹果和海棠;
桃梅山楂也寄主,还有林木杨柳树。
幼虫主害芽和叶,吐丝拉网并危害;
枝间结成大幕丝,幼虫群栖幕中食。
天幕毛虫因此名,严重全树叶食尽。
各地一年只一代,卵在枝上越冬害。
成虫习性夜活动,并且具有趋光性。
一个雌虫一块卵,围绕小枝把卵产。
幼虫白天伏幕丝,夜间爬出再取食。
后期幼虫若受惊,假死坠地是习性。

【防　治】

综合防治理当先,各个措施配套全。
冬季修剪仔细看,越冬卵块剪除完。
卵块存放在小罐,天敌羽化能保全。

春季幼虫危害期,剪除网幕并烧毁。
药剂防治抓时机,春季危害正当时;
有机磷或菊酯类,两类农药相复配;
马拉硫磷天王星,敌敌畏油好效应。
黄褐天幕天敌多,保护天敌很重要;
无害农药应首选,高效低毒保安全。

表 10-30　防治黄褐天幕毛虫使用药剂

通用名称(商品名称)	剂　型	使用方法
马拉硫磷	50%乳油	1000 倍液在幼虫孵化初期喷雾
联苯菊酯(天王星)	10%乳油	2000～4000 倍液喷雾
敌敌畏	10%乳油	1500 倍液于害虫初发期喷雾

苹果枯叶蛾、李枯叶蛾

【危害及分布】

两种叶蛾多分布,西北华北和内蒙;
寄主果树有好多,桃李杏梨和苹果。
幼虫危害蚕食叶,严重树叶全受害。
各地零星常发生,有时危害也成灾。
成虫夜间常活动,并且具有趋光性。
白天幼虫枝上静,夜间幼虫取食行;
色似树皮身体扁,伏在枝条难发现。
常见天敌有多种,松毛虫和赤眼蜂。

【防　治】

冬季修剪仔细看,越冬虫枝及时剪。
虫残枝条不乱扔,集中处理彻底焚。

化学防治抓时效,春季初害防效高;
喷洒农药种类多,天幕毛虫可参照。

苹果舞毒蛾

【危害及分布】

该虫异名有好多,秋千毛虫大毒蛾。
国内分布较普遍,国外欧美和朝鲜。
寄主植物五百多,杏李山楂和苹果;
樱桃杨柳和桦榆,梨树柿子桑和栎。
幼虫危害蚕食叶,严重树叶全受害。
林区果园受害重,林果蚕业大受损。
世界著名大害虫,树皮石缝卵越冬;
雄蛾习性善飞翔,林中成群旋舞狂。
一龄幼虫有习性,白天树上静静停;
夜间取食叶孔洞,吐丝下垂是受惊。
二龄幼虫习性变,落叶树缝白天潜;
天阴爬回树下隐,幼虫老熟藏化蛹。

【防　治】

各种技术配合用,保护天敌生态平。
该虫天敌二百种,寄蜂山雀都能控。
冬季落叶及时清,人工刮除树皮缝,
化蛹场所杀成虫,搜拣卵块灭集中。
幼虫习性要掌握,树基堆石再喷药;
树上树下若活动,接触药剂可中毒。
主干喷药也有效,傍晚时间效果好;
树冠喷药抓时效,三龄以前防效好。

辛硫磷或杀螟松,溴氰菊酯灭幼脲;
浓度合理看商标,均匀喷雾要周到。
天敌活动规律寻,伤敌农药避免用。

表 10-31　防治苹果舞毒蛾使用药剂

通用名称(商品名称)	剂　型	使用方法
辛硫磷	50%乳油	1500 倍液在害虫发生初期喷雾
杀螟硫磷(杀螟松)	50%乳油	1000 倍液喷雾
溴氰菊酯	2.5%乳油	2000~3000 倍液喷雾
灭幼脲	25%悬浮剂	1500~2000 倍液于低龄幼虫期喷雾

黄尾毒蛾(金毛虫)

【危害及分布】

成虫几乎无区分,幼虫体色不相同。
国内分布多区域,华北东北和西北。
黄尾毒蛾北部多,长江流域多金毛;
果园黄尾较常见,幼虫蚕食主叶片。
春季发芽幼虫出,嫩芽叶片多食害。
五月中旬熟化蛹,六月上旬羽成虫。
叶背枝干上产卵,叶背取食留叶残;
叶脉上皮后出现,三龄以后蛹分散;
蚕食叶片缺刻显,老熟以后在枝干;
裂缝枝叶蛹结茧,一代成虫八月间。
成虫习性不一样,傍晚活跃能趋光。
幼虫假死习性弱,受惊之时身体缩;
吐丝下垂能落地,白天静伏在叶背。

【防　治】

已知天敌有多种，维护生态自然控。

数量少时不必防，不伤天敌莫要忘。

发生严重及时治，综合技术措施新。

秋季幼虫越冬前，草把束缚在树干；

越冬幼虫诱集全，冬季取下处理完。

成虫产卵人勤快，人工及时摘卵块；

集中卵块放小罐，设置雨罩置田间；

天敌羽化自由飞，罐放盐水容器内；

水中滴入点农药，幼虫爬入定死掉。

树冠喷药种类多，方法参照舞毒蛾。

美国白蛾

【危害及分布】

辽宁山东和陕甘，一九七九始发现。

危害具有毁灭性，防止传播坚决禁。

寄主植物三百多，果树林木农作物。

幼虫危害有特点，吐丝结网四龄前；

群居网内害叶片，表皮留下肉吃完；

受害叶显白膜状，五龄以后爬出网；

树体各处转移散，全树叶片都吃遍；

附近农田危害转，一旦发生损失惨。

美国白蛾适应强，最喜温暖和阳光；

危害地点不一样，树木稀疏树体上。

公路铁路两旁边，公园果园居民点；

周围树上尤普遍，林区边缘也发现。

【防　治】

改革开放市场活,交换物资通道多;
检疫工作莫小瞧,陆空水运不放过。
划定疫区常检查,加强预防设关卡;
严禁疫区调林苗,对外口岸检货物。
寻找化蛹地场所,发现成虫人捕捉;
三龄幼虫及时查,剪除网幕集中杀;
幼虫接近老熟时,树干束草诱杀死。
化学农药有好多,科学选择高防效;
配制浓度分阶段,浓度偏低三龄前;
老熟幼虫六龄后,上限浓度效果优。
溴氰菊酯虫酰肼,辛溴乳油氟幼灵。
交替应用互轮换,每代害虫喷两遍。
生物防治前景广,绿色产品有希望;
使用苏云金杆菌,消灭害虫天敌保。

表 10-32　防治美国白蛾使用药剂

通用名称(商品名称)	剂　型	使用方法
溴氰菊酯	2.5%乳油	2000~3000 倍液喷雾
虫酰肼	20%悬浮剂	1000~2000 倍液均匀喷雾
辛·溴	50%乳油	1000~1500 倍液在害虫发生初期喷雾
杀铃脲(氟幼灵)	20%乳油	2000 倍液喷雾
苏云金杆菌	100 亿活芽孢/克可湿性粉剂	1000 倍液害虫发生初期喷雾

黄刺蛾

【危害及分布】

该虫异名有多种,全国各省均分布。
寄主植物有好多,桃杏李枣和苹果。
幼虫危害有前后,幼龄危害啃叶肉;
残留叶脉呈巢网,后期危害不一样;
残食叶片缺刻产,叶柄主脉风中闪。
幼虫体上有毒毛,刺激皮肤起红疱。
成虫具有趋光性,并且夜间常活动。
该虫产卵在叶面,初孵幼虫叶背现。

【防　治】

冬季修剪精细管,仔细剪除越冬茧。
化学防治不可少,保护环境须记牢。
高效低毒好农药,生物农药配合到。
菊酯类药有机磷,复合制剂防效增;
溴氰菊酯杀螟松,辛氰乳油来福灵;
参看商标阅说明,安全间隔要记清。

表 10-33　防治黄刺蛾使用药剂

通用名称(商品名称)	剂　型	使用方法
溴氰菊酯	2.5%乳油	2000~3000 倍液喷雾
杀螟硫磷(杀螟松)	50%乳油	1000 倍液喷雾
辛·氰	20%乳油	1000 倍液在害虫发生初期喷雾
顺式氰戊菊酯(来福灵)	5%乳油	2000 倍液于低龄幼虫期喷雾

褐缘绿刺蛾

【危害及分布】

该虫异名有多种,全国各地均分布。

寄主植物有好多,山楂海棠梨苹果。

幼虫蚕食主叶片,初龄幼虫集背面;

受害叶状似网筛,幼虫长大分散害;

食害叶片缺刻显,只剩叶柄叶肉完。

成虫具有趋光性,并且夜间常活动。

【防 治】

综合防治新观念,技术配套效果显。

保护天敌最先行,维护生态自然控。

老熟幼虫若捕杀,食后树下难蛹化;

主干基部和地面,把握时间农药洒。

毒死蜱或二嗪磷,杀螟硫磷敌百虫;

配好药液喷树盘,轮换应用防效产。

初龄幼虫喷树冠,合理配制科学选。

表 10-34 防治褐缘绿刺蛾使用药剂

通用名称	剂 型	使用方法
毒死蜱	40%乳油	1000~1500 倍液在害虫发生初期喷洒树冠
二嗪磷	2.5%乳油	0.4~0.8 千克拌细土 50 千克均匀撒于树冠下,再耙入土中,杀死出土幼虫
杀螟硫磷	50%乳油	1000 倍液喷雾
敌百虫	80%可溶性粉剂	1000~1500 倍液于低龄幼虫期喷雾

山楂粉蝶

该虫分布好多省,东北西北华北等。
危害寄主比较多,最喜植物蔷薇科;
桃杏李梨和苹果,海棠沙果和樱桃。
幼虫食害花芽叶,低龄幼虫习性怪;
吐丝以后网巢结,群栖网巢内为害;
后期幼虫多分散,严重叶芽食害完。
各地一年均一代,专性滞育很特别;
三龄幼虫聚一块,害虫巢中把冬越。
春季发芽破巢出,枝上往返把丝吐;
光滑丝道能连成,以利幼虫好爬行。
幼虫芽花先食害,随后吐丝和缀叶;
幼虫老熟有习性,叶干杂草处化蛹。
成虫白天多活动,中午高温时最盛;
草丛花间多飞翔,雄虫湿土和沟旁。
晚间阴天多安静,栖在树上草丛伏。

【防　治】

山楂粉蝶天敌多,保护天敌特重要。
冬季修剪多结合,剪除越冬虫卵巢;
残枝落叶及早扫,集中处理要烧毁。
农业防治结合到,果园行间作物套。
十字花科或绿肥,多种粉蝶能诱集;
天敌数量可多增,保护天敌自然控。
化学农药若要用,根据果园生态定;

危害严重天敌少,幼虫出蛰可喷药。

辛硫磷或杀螟松,溴氰菊酯天王星;

参看商标阅说明,轮换应用无抗性。

表 10-35　防治山楂粉蝶使用药剂

通用名称(商品名称)	剂　型	使用方法
辛硫磷	50%乳油	1500 倍液在害虫发生初期喷雾
杀螟硫磷(杀螟松)	50%乳油	1000 倍液喷雾
联苯菊酯(天王星)	10%乳油	2000~4000 倍液喷雾
溴氰菊酯	2.5%乳油	2000~3000 倍液在幼虫孵化初期喷雾

大蓑蛾、泥墨蓑蛾

【危害及分布】

蓑蛾分布好多省,华北东北西北等。

寄主植物六百多,杨柳胡桃蔷薇科;

城市园林多常见,法国梧桐受害遍。

蓑蛾习性不一样,幼虫体外有护囊;

蚕食叶片呈大孔,嫩枝果皮也食啃;

越冬护囊缠小枝,生长不良容易损。

雄虫习性黄昏显,飞翔活跃趋光线;

交尾囊内把卵产,卵后雌虫渐缩干;

护囊下口坠地面,孤雌生殖有时现。

幼虫孵出食卵壳,囊口爬出垂丝飘。

二龄以前啃叶肉,三龄以后食成洞;

三龄具有喜光性,树冠外围分布重。

振动受惊吐丝垂,清晨下午取食盛;

炎热中午取食少,幼虫耐饥能力好。

【防　治】

清除病残勤修剪,越冬虫囊销毁完。
保护天敌寄生蜂,护敌工具多应用。
药剂防治分虫龄,寻找中心目标明;
初孵幼虫集中现,喷药防治是重点;
后期幼虫强抗药,浓度应当适提高。
喷洒农药看时效,清晨下午效果好。
化学农药有两种,敌百虫或杀螟松;
或用苏云金杆菌,认真仔细喷均匀;
配好药液喷树冠,交替应用互轮换。
新药特药先试验,掌握技术再示范。

表 10-36　防治大蓑蛾、泥墨蓑蛾使用药剂

通用名称(商品名称)	剂　型	使用方法
敌百虫	80%可溶性粉剂	1000~1500 倍液于低龄幼虫期喷雾
杀螟硫磷(杀螟松)	50%乳油	1000 倍液喷雾
苏云金杆菌	100 亿活芽孢/克 可湿性粉剂	1000 倍液害虫发生初期喷雾

毛剌夜蛾

【危害及分布】

成虫危害有特点,果皮伤口开始先;
腐坏之处果肉间,吸食果汁危害产。
幼虫主要害叶片,造成缺刻空洞显。

【防　治】

高压汞灯成虫杀,香味烂果四周挂;

二十二时后取下,诱杀成虫好办法。

苹梨桃园不混栽,敌百虫加糖醋液;

诱杀成虫效果好,必要之时果袋套。

表 10-37　防治毛刺夜蛾使用药剂

通用名称	剂　型	使用方法
敌百虫	80%可溶性粉剂	800倍液加适量糖醋溶液诱杀成虫

梨黄粉蚜

【危害及分布】

成虫若虫危害产,群集果实萼洼间。

被害之处黄凹陷,最后发生黑色变;

表皮硬化龟裂现,形成黑疤果落完。

枝条树干也难免,嫩皮汁液被吸干。

【防　治】

秋末早春清果园,尽早消灭越冬卵。

若有条件把袋套,药剂防治配合到;

石硫合剂芽前洒,抗蚜威粉控虫发;

阿克泰剂啶虫脒,轮换使用好效应。

表 10-38　防治梨黄粉蚜使用药剂

通用名称(商品名称)	剂　型	使用方法
石硫合剂	45%晶体	30倍液于发芽前期喷雾
抗蚜威	50%可湿性粉剂	2500～3000倍液喷雾
噻虫嗪(阿克泰)	25%水分散粒剂	3000～4000倍液在嫩梢长1～3厘米时喷雾
啶虫脒	3%乳油	4000～5000倍液喷雾

苹毛丽金龟

【危害及分布】

幼虫常食幼根茎,但是危害不太重。

成虫危害是重点,取食花芽嫩叶片。

此虫虫源来多方,荒地特别多虫量。

【防　治】

果园成虫重点防,振落成虫早晚间。

保护天敌防效显,辛硫磷粒撒地面;

潜土成虫量少减,树上施药开花前;

马拉硫磷杀螟松,甲氰菊酯好作用。

表10-39　防治苹毛丽龟使用药剂

通用名称(商品名称)	剂　型	使用方法
辛硫磷	10%颗粒剂	1.5~2.5千克加细土拌匀,均匀撒于地面,后耙入土中,20天后重复1次
马拉硫磷	50%乳油	1000倍液与20%甲氰菊酯2000倍液混合喷雾
杀螟硫磷(杀螟松)	50%乳油	1500倍液喷雾
甲氰菊酯	20%乳油	2000~2500倍液喷雾

中国梨木虱

【危害及分布】

成虫若虫危害产,刺吸嫩梢芽叶片。

有时汁液被吸干,叶片受害现褐斑;

严重全叶落褐变,病部上边蜜露产;

诱致煤污来侵染,污染果面品质降。

【防　治】

清除残体并销毁,刮除老皮冬虫消。
药剂防治抓关键,出蛰盛末产卵前。
辛氰乳油敌敌畏,氯氰菊酯来福灵;
以上药剂互轮换,间隔十天防两遍。

表 10-40　防治中国梨木虱使用药剂

通用名称(商品名称)	剂　型	使用方法
辛·氰	20%乳油	1000 倍液喷雾
敌敌畏	80%乳油	2000 倍液于低龄幼虫期喷雾
氯氰菊酯	10%乳油	2000 倍液在成虫产卵和幼虫孵化期喷雾
顺式氰戊菊酯(来福灵)	5%乳油	2000～4000 倍液喷雾

绣线菊蚜

【危害及分布】

绣线菊蚜有别名,苹果黄蚜苹叶蚜。
成虫若虫危害产,刺吸枝梢和叶片。
新鲜汁液被吸干,叶片受害有特点;
向着叶背横曲卷,树体发育不强健。

【防　治】

结合夏剪虫梢剪,保护天敌防效产。
柴油乳剂喷芽前,杀卵效果很明显。
冬卵孵化危害间,喷洒药液是重点。
药液涂干应抓早,蚜虫初发效果好。

抗蚜威粉吡虫啉,氯氰菊酯啶虫脒。

表 10-41　防治绣线菊蚜使用药剂

通用名称	剂型	使用方法
抗蚜威	50%可湿性粉剂	2500～3000 倍液喷雾
吡虫啉	30%乳油	1500～2000 倍液于低龄幼虫期喷雾
氯氰菊酯	10%乳油	2000 倍液在成虫产卵和幼虫孵化期喷雾
啶虫脒	3%乳油	4000～5000 倍液喷雾

梨瘿华蛾

【危害及分布】

幼虫危害症状显,蛀入当年嫩梢间;

渐渐膨大瘤物现,蛀食枝肉在内边。

连年危害瘤成串,形状好似糖葫芦。

枝梢发育不健康,树冠形成受影响。

【防　治】

剪除虫瘤并烧毁,幼虫和蛹均灭消。

成虫发生喷洒药,抑太保油效果好。

大量产卵卡死克,连喷两遍七天隔。

表 10-42　防治梨瘿华蛾使用药剂

通用名称(商品名称)	剂型	使用方法
氟啶脲(抑太保)	5%乳油	1000～2000 倍液于低龄幼虫期喷雾
氟虫脲(卡死克)	5%乳油	1000～1500 倍液喷雾

桃蛀蛾

【危害及分布】

幼虫食芽花叶片,春蛀幼芽致死全。

芽后害花叶和芽,取食叶片缺刻见;

或者空洞很难看,严重叶片被吃完。

【防 治】

果树休眠药喷洒,敌敌畏油把卵杀;

锯口剪口封闭全,越冬幼虫消灭完。

成虫白天树下潜,抓住习性防不难。

树干基部铺瓦片,或者碎砖诱虫藏;

辛硫磷粒细喷撒,以上诱杀好办法。

幼虫防治应抓早,早春发芽施药好;

各种药剂互轮换,具体用药苹小看。

表 10-43　防治桃蛀蛾使用药剂

通用名称	剂　型	使用方法
敌敌畏	80%乳油	1000 倍液涂抹剪口
辛硫磷	10%颗粒剂	每 667 平方米撒施肥 2～2.5 千克防治出土成虫

葡萄瘿蚊

【危害及分布】

幼虫幼果蛀食害,品种不同症状别。

龙眼巨峰盛花看,害果速膨畸形产。

花后十天大一半,害果停长呈扁圆;
果顶浓绿光泽现,并且稍微呈凹陷;
萼片花丝均不落,果蒂不膨梗细弱;
种子不能正常产,经济价值不再现。

【防 治】

成虫羽化果穗剪,集中消灭虫蛹源。
这个措施最有效,二三年内全灭消。
成虫初发喷药防,马拉硫磷效果强;
氯氰菊酯细喷洒,均匀喷雾控虫发。
花序套袋阻产卵,开花取掉效最显。

表 10-44　防治葡萄瘿蚊使用药剂

通用名称	剂　型	使用方法
马拉硫磷	50%乳油	1000 倍液喷雾
氯氰菊酯	10%乳油	在成虫产卵和幼虫孵化期用 2000 倍液喷雾

葡萄长须卷蛾

【危害及分布】

幼虫卷缀在叶片,内部蚕食筒状卷。

【防 治】

幼虫卷叶仔细看,摘除卷叶清虫源。
成虫产卵盛发期,或者幼虫孵化时;
马拉硫磷氧乐氰,杀灭菊酯天王星;
以上药剂互轮换,间隔十天保安全。

表 10-45　防治葡萄长须卷蛾使用药剂

通用名称(商品名称)	剂　型	使用方法
马拉硫磷	50%乳油	1500～2000 倍液在幼虫发生初期喷雾
氧乐氰	30%乳油	1500 倍液在低龄幼虫盛发期喷雾
氰戊菊酯(杀灭菊酯)	20%乳油	2000～3000 倍液喷雾
联苯菊酯(天王星)	10%乳油	2000～4000 倍液喷雾

葡萄十星叶甲

【危害及分布】

成虫幼虫危害产,取食芽体和叶片;
造成空洞缺刻见,残留叶脉绒毛显;
严重叶片被吃完,只剩主脉和枝蔓。

【防　治】

秋末及时清果园,烧毁残体消冬卵。
振落捕杀防效显,尤其注意下叶捡。
氯氰菊酯溴虫腈,大功臣或天王星。

表 10-46　防治葡萄十星叶甲使用药剂

通用名称(商品名称)	剂　型	使用方法
氯氰菊酯	10%乳油	在成虫产卵和幼虫孵化期用 2000 倍液喷雾
虫螨腈(溴虫腈)	30%乳油	1500～2000 倍液喷雾
吡虫啉(大功臣)	10%可湿性粉剂	2000～3000 倍液于若虫发期喷雾
联苯菊酯(天王星)	10%乳油	2000～4000 倍液喷雾

葡萄瘤蚜

【危害及分布】

成若若虫刺叶片,有时汁液被吸干。
为害类型有两种,叶瘤型和根瘤型。
先把叶瘤型症看,被害叶片叶背面;
凸起形成囊状见,虫在瘿内吸食繁;
重者叶片畸萎变,生育不良枯死完。
再看根瘤有特点,粗根被害瘿瘤产;
最后瘿瘤褐腐烂,皮层开裂很明显。
须根被害症状明,产生根瘤菱角形。

【防　治】

抗蚜品种要认清,沙地栽培发生轻。
土壤处理放在前,辛硫磷药细土拌;
树干周围撒药土,深锄入土效果显。
加强检疫是关键,外调苗木预防先;
乐斯本液把根蘸,一千倍液防蔓延。

表 10-47　防治葡萄瘤蚜使用药剂

通用名称(商品名称)	剂　型	使用方法
辛硫磷	50%乳油	每 667 平方米 0.3 千克,拌细土 25 千克撒于树干周围,深锄入土内
毒死蜱(乐斯本)	48%乳油	1000 倍液蘸苗木根,防止传播

枣 黏 虫

【危害及分布】

幼虫吐丝危害产,叶枣花果一起黏。

【防　治】

秋末枝干束草卷,诱集幼虫化蛹间;
休眠老皮要刮掉,连同束草全烧毁。
各代幼虫孵盛期,特别一代孵化时;
杀螟松或氧乐氰,氯氰菊酯天王星;
以上药剂用轮换,杀虫效果均明显。

表 10-48　防治枣黏虫使用药剂

通用名称(商品名称)	剂　型	使用方法
杀螟硫磷(杀螟松)	50%乳油	1000~1500 倍液于幼虫孵化初期喷雾
氧乐氰	30%乳油	1500 倍液在低龄幼虫盛发期喷雾
氯氰菊酯	10%乳油	在成虫产卵和幼虫孵化期用 2000 倍液喷雾
联苯菊酯(天王星)	10%乳油	2000~4000 倍液喷雾

注:以上药剂喷施最佳时期为发芽初期和枣芽伸长 3~5 厘米时

枣 飞 象

【危害及分布】

成虫食芽和叶片,常将嫩芽全吃完。
第二三芽才生长,削弱树势体不壮;
推迟生长慢发育,产量品质全降低。
幼虫生活土里边,地下组织害难免。

【防　治】

四月下旬成虫盛,化学防治及时用。
干周以及近地面,喷洒药液是重点。
药液喷成淋洗状,防治效果能加强;
或在干基撒药粉,丙硫磷或敌百虫;
撒好药粉振成虫,提高防效好作用。
这个措施若做好,此虫危害能减少。
树下设置塑料膜,早晚振落抓成虫。

表 10-49　防治枣飞象使用药剂

通用名称	剂　型	使用方法
丙硫磷	2%粉剂	1.1千克与50千克细土混匀撒施地面,撒后浅耙
敌百虫	90%晶体	750~1000倍液喷雾于地面和树冠,杀死成虫

第十一章　果树药害诊断与预防口诀

【诊　断】

化学农药有毒性,作物药害不忽视。
叶花种果植株根,药害症状不相同。
叶部药害最明显,失绿黄焦有叶斑。
植物激素最敏感,叶卷增厚畸形变。
果实药害在幼果,褐斑畸形个变小。
花朵药害花瓣枯,落花落蕾无果实。
植株药害生长缓,矮化扭曲枝杆弯。
根部药害根肥短,根毛短少色多变。
种子药害多拌种,胚芽杀伤无生命。

【病　因】

药害产生多原因,不清药理和剂型。
喷洒方法多不准,重复喷施药乱混。
未经试验盲目用,不分作物和品种。

【预　防】

防止药害并不难,购买药品仔细辨。
保花保果除草剂,敏感药物要牢记。
植物激素 2,4-D,杀菌农药硫制剂;
温度高低要注意,浓度过大出问题。
新药特药先试验,选购配制莫随便。
产生药害有轻重,各种剂型须弄清;
杀虫杀菌除草剂,由轻到重要明记。
植物农药药害免,加大用量心放宽。

无机农药药害重,根据环境要慎用;
石硫合剂是碱性,酸性农药不相混;
硫酸铜液药害重,石灰加量可减轻。
有机农药害中度,严格掌握不用愁;
安全间隔掌握好,避免重复喷农药。
棚室果树组织嫩,选用农药要谨慎。
不同作物不同药,区别应用讲策略;
高温干旱和大风,阴湿雾重用药慎;
幼苗幼叶和幼果,早期发育耐药弱,
此期喷药最主要,谨慎选药莫出错。

第十二章　购买农药口诀

一看标签首当先,仔细查看莫受骗;
标签完整无损坏,字迹清晰无残缺;
农药名称要认准,有效成分须注明。
买前用心看三证,编号代码有规定;
国家农业部药检,其他部门无权管。
登记标准批准号,国产农药无缺少;
进口农药有区分,只有农药登记号。
农药类别看色带,红黄黑绿区分开;
黑色杀菌红杀虫,绿色田间杂草控;
黄色调节促生长,色带用途莫要忘。
标签若有错和改,选购时候要警戒。
二看产品外观症,掌握特点辨细心。
乳悬水粉粒烟剂,外形表现各不一。
外观色形应知道,认清形态不混淆。
乳油透明油液体,浑浊分层不合格。
水乳色白或乳稠,外观形态光不透。
液体分层或冻结,产品变质不可买。
悬乳色白或色浅,流动黏稠状呈悬;
容易沉淀是特点,长期贮放形态变;
下层变稠上层稀,结层沉淀在瓶底;
摇晃如若能悬起,产品仍然不过期;
沉淀摇动难复原,不能使用药效减。
水剂半透或透明,不含悬物液均匀;

低温存放有沉淀,温度回升能溶变;
合格产品有此状,使用质量不影响;
升温沉淀不溶化,质量难保有后怕。
可湿粉剂细粉状,若有此状好质量;
粉末粗粒结团块,过期质量已变坏。
颗粒剂型分大小,合格产品颗粒牢;
颗粒破碎生粉末,撒施飞扬浪费药;
损害身体染环境,产品质量难保证。
三看农药药性状,有效成分定质量。
质量标准在成分,一般用户难鉴定。
技术化验若不便,药效田间可试验;
标治对象和用量,若与防效不一样;
差距过大效不显,怀疑成分含量减。
物理性状也要看,各种剂型水中验。
乳油要看乳化性,水中检验方可行;
良好乳油水中溶,立刻扩散成云雾;
液面乳油不出现,液底不见油沉淀;
乳化性能若不良,油滴易成片絮状;
滴入水中难扩散,粗大油珠浮液面;
细小油珠易聚合,药液稳性不牢靠。
可湿粉剂悬浮剂,湿展药液先配制;
首先摘取干叶片,手捏叶柄插液面;
数秒以后再观看,根据液斑再论断;
如若药液叶片满,湿展性能好称赞;
叶片药液沾不全,湿展性能很一般;
药液叶片若不沾,表明药品不湿展。
粉粒细度也要看,检验质量不可免;

细度越高质越好，测定方法有好多；
科学测定要过筛，简易方法用手捏；
拇指食指捏药粉，相互摩擦慢捻动；
捻完药粉找感觉，细度越小质越好。
烟剂存放易吸潮，手捏包装不可少；
包装松软好产品，吸潮结块不可用。
购买农药须三看，使用农药善保管；
温度过高或过低，湿度过大阳光照；
化肥农药若混淆，缩短期限质难保。

　　注："登记标准批准号，国产农药无缺少"意思是农药标签必须要有登记号、标准号、批准号。"农药类别看色带，红黄黑绿区分开，黑色杀菌红杀虫，绿色田间杂草控，黄色调节促生长，色带用途莫要忘"意思是在农药标签上看色带，黑色表示杀菌剂，红色表示杀虫剂，绿色表示除草剂，黄色表示植物生长调节剂。

附　录

附表 1　无公害果树常用杀菌剂用途表

	通用名称	常用剂型	防治对象及用途	注意事项
微生物源杀菌剂	多抗霉素	2%、3%、10%可湿性粉剂,1%、3%水剂	属广谱性杀菌剂。主要用于防治苹果霉心病、轮纹病,葡萄穗轴褐枯病,梨黑斑病,草莓褐斑病等	不能与碱性或酸性农药混合使用
	农抗 120	2%、4%、6%水剂,10%可湿性粉剂	属广谱性抗生素。主要用于防治苹果早期落叶病等	不能与碱性农药混用
	链霉素	72%泡腾片,40%、68%可溶性粉剂,25%增效可溶性粉剂	对多种作物的细菌性病害均具有良好的防治效果,常用于防治桃李杏的细菌性穿孔病等	不能与碱性农药或碱性水混用
	链霉素·土	90%可溶性粉剂	对细菌性病害有特效,兼具治疗和保护双重作用。主要用于防治果树细菌性病害	本品在作物发病前或发病初期效果最佳;喷药时应将叶片正反两面均匀分布;可与酸性农药混用,不能与碱性农药混用
	嘧菌酯	25%悬浮剂	主要用于防治多种果树炭疽病、叶斑病	在病害发生初期施药,以利于提高药效;喷药时必须加足水量,使作物表面充分接触药剂;能与大多数杀菌剂、杀虫剂混用
	四霉素	0.15%水剂	可用于涂抹苹果腐烂病病疤	不能与化学杀菌剂混用,并且要施于作物根部

	通用名称	常用剂型	防治对象及用途	注意事项
微生物源杀菌剂	嘧霉胺	20%、30%、37%、40% 悬浮剂,20%可湿性粉剂	属专性杀菌剂,对灰霉类病害有特效。主要用于防治各种作物的灰霉病	通风不良的棚室中使用浓度过高时,可能导致有些作物叶片出现褐色斑点
植物源杀菌剂	乙蒜素	70%乳油	属广谱性杀菌剂,抑制菌体正常代谢,对植物有刺激作用	不能与碱性农药混用;对皮肤有强烈刺激作用,防止污染手脸和皮肤
其他杀菌剂	盐酸吗啉胍·铜	20%可湿性粉剂	用于防治果树病毒病	不能与碱性农药混用
	噁醚唑	10%水分散粒剂	属广谱性杀菌剂。主要用于防治梨黑星病、黑斑病,苹果斑点落叶病、轮纹烂果病、褐斑病,以及葡萄病害等	不宜与铜制剂混用;施药时间宜早不宜迟,在发病初期喷药效果最佳
	丙环唑	25%乳油	属广谱性杀菌剂。主要用于防治果树白粉病、锈病、炭疽病及其他真菌性叶斑病	
	硫磺	45%、50%、80%悬浮剂	具有杀菌和杀螨双重作用。常用于防治果树白粉病、叶斑病、褐腐病、叶霉病、炭疽病及叶螨类、瘿螨类等	高温期使用易产生药害,应提高稀释倍数和减少使用次数。不能与硫酸铜、硫酸亚铁混用
	波尔多液	160～200 倍石灰等量式、160～200 倍石灰过量式、200 倍石灰多量式	为保护性杀菌剂,必须在发病前喷施,幼果期一般不喷施该药,以免产生药害(表现为果锈)。近成熟期也不要喷施,以免污染果面。常用于防治果树轮纹病、炭疽病、褐斑病、黑星病、疫腐病、锈病、霜霉病、叶斑病等	不同作物敏感程度不同,应注意避免药害

通用名称	常用剂型	防治对象及用途	注意事项
氢氧化铜	53.8%、77%可湿性粉剂,53.8%干悬浮剂,57.6%干粉剂	属广谱性杀菌剂。对许多果树的真菌和细菌性病害均有良好的防治效果,如梨细菌性果腐病	苹果、梨幼果期慎用,以免造成果锈;喷药要均匀、周到,不要在高温、高湿时施用
代森铵	45%水剂	属广谱性杀菌剂。主要在果树休眠期喷施,用于防治树体枝干病菌,如腐烂病菌、轮纹病菌等	作物生长期喷施易造成药害,应尽量避免
丙森锌	70%可湿性粉剂	属广谱保护杀菌剂。主要用于防治苹果斑点落叶病及梨黑星病等	在病害发生前或初期喷药效果最好
福美双	50%、70%可湿性粉剂	属广谱性杀菌剂。主要用于防治葡萄白腐病、炭疽病、梨黑星病、黑星病、苹果早期落叶病、枣褐斑病、烂果病等	在幼叶、幼果期慎用,不要与铜制剂和碱性药剂混用
代森锌	65%、80%可湿性粉剂	属广谱性杀菌剂。既可防治真菌性病害,又可有效防治细菌性病害,如苹果轮纹病、黑星病、锈病、炭疽病、褐腐病、褐斑病、黑斑病等	在病害发生前或发生初期施用效果较好
三唑酮	15%可湿性粉剂、20%乳油	对果树白粉病和锈病防治效果突出	高浓度使用有抑制作物生长的作用,应注意避免
代森锰锌	50%、70%、80%可湿性粉剂,30%、43%悬浮剂	全络合态代森锰锌对多种真菌性病害具有良好的防治作用,如苹果轮纹烂果病、炭疽病、霉心病、黑星病、褐斑病、锈病、褐腐病等;普通代森锰锌安全性较低,易发生药害,因此施用时应提高稀释倍数,还要注意在幼叶、幼果期及高温干旱时尽量避免施用	不能与碱性及铜制剂农药混用

注:左侧纵向表头标注"其他杀菌剂"

通用名称		常用剂型	防治对象及用途	注意事项
其他杀菌剂	克菌丹	50%可湿性粉剂	属广谱性杀菌剂,对许多真菌性病害有良好的防治效果,特别适用于对铜制剂敏感的作物。主要用于防治多种果树的果实轮纹病、炭疽病、黑星病、疮痂病、褐斑病等	及时、均匀、周到喷雾是保证防治效果的关键
	烯唑醇	12.5%可湿性粉剂	杀菌范围很广,主要用于防治果树黑星病、锈病、白粉病等	严格按推荐量使用,不要任意加大浓度,防止发生药害而抑制作物生长
	腈菌唑	40%可湿性粉剂,12.5%、25%乳油	对病害具有治疗、铲除和预防三重作用,可在发病前、后使用,尤以发病初期使用效果最佳。主要用于防治果树黑星病、锈病、白粉病及多种真菌性叶斑病等	注意与其他药剂交替使用
	氟硅唑	40%乳油	属广谱性杀菌剂。主要用于防治梨黑星病,还可用于防治锈病、白粉病、轮纹病及多种真菌性叶斑病等	酥梨类品种幼果期对本品敏感,应慎用
	多菌灵	25%、40%、50%、80%可湿性粉剂,40%悬浮剂	对多种果树的真菌性病害均具治疗和预防作用	不能与铜制剂及石硫合剂等碱性农药混用;连续单一使用会使病菌产生抗药性
	苯菌灵	50%可湿性粉剂	属广谱性杀菌剂,其防病范围与多菌灵基本相同	不能长期单一使用;不能与碱性及铜制剂混用
	甲基硫菌灵	50%、70%可湿性粉剂,50%悬浮剂	对多种果树的真菌性病害均具治疗和预防作用	连续多次使用病菌易产生抗药性,应注意与不同类型药剂交替使用

通用名称	常用剂型	防治对象及用途	注意事项
三乙膦酸铝	85%、87%、90%可溶性粉剂，40%、80%可湿性粉剂	属广谱性杀菌剂。主要用于防治葡萄霜霉病、白腐病、炭疽病，苹果白粉病、轮纹病等	不能与碱性及酸性农药混用
腐霉利	50%可湿性粉剂，10%、15%烟剂	对灰霉病类防治效果突出。主要用于防治各种作物的灰霉病，苹果斑点落叶病，桃、李、杏褐腐病及葡萄白腐病等	不能与碱性及有机磷类农药混用
异菌脲	50%可湿性粉剂、50%悬浮剂	主要用于防治果树灰霉病、菌核病、褐腐病及苹果斑点落叶病，梨黑斑病，可防止贮藏期间的灰霉病、炭疽病、黑霉病、青霉病等	尽量不要连续使用，以免病菌产生抗药性
乙烯菌核利	50%可湿性粉剂、50%干悬浮剂等	属广谱性杀菌剂。主要用于防治各种作物的灰霉病、菌核病、褐腐病、花腐病及苹果斑点落叶病，梨黑斑病等	
溴菌腈	25%可湿性粉剂、25%乳油	主要用于防治果树炭疽病	
噻霉酮	1.5%水乳剂	主要用于防治果树霜霉病、黑星病、轮纹病、炭疽病等	
百菌清	75%可湿性粉剂，40%悬浮剂，30%、45%烟剂	属广谱性保护杀菌剂。几乎所有的果树病害都能防治	不能与强碱性农药混用
三氯异氰尿酸	36%、40%、42%、50%可湿性粉剂	主要用于防治果树上的多种难防病害，如苗木立枯病、及多种细菌性叶斑病等	不能与酸性或碱性物质接触
烯酰吗啉	50%可湿性粉剂	主要用于防治低等真菌病害，对霜霉病、晚疫病、疫(霉)病等具有特效	应与其他杀菌剂交替使用
菇类蛋白多糖	0.5%水剂	对多种植物病毒病均有一定防治效果	不能与其他药剂混用

注：其他杀菌剂

通用名称	常用剂型	防治对象及用途	注意事项
络氨铜	14%、25%水剂	属广谱性杀菌剂,对真菌、细菌性病害均具有良好的防治效果,同时又是植物生长调节剂。主要用于防治苹果腐烂病	对铜敏感的品种须慎用,苹果对铜抗性差
王铜	30%悬浮剂	属保护性杀菌剂。主要用于防治苹果干腐病、腐烂病、斑点落叶病、炭疽病、黑点病、霉心病等	于发病初期应用,幼果期不用
噻菌铜	20%悬浮剂	本品对细菌性病害有特效,对真菌性病害高效。主要用于防治果树叶斑病、轮纹病、炭疽病等	与其他农药混用时,必须先将一种农药加水稀释后,再加另一种农药混合
碱式硫酸铜	30%悬浮剂	兼有营养作用的保护性杀菌剂。可防治苹果早期落叶病、黑星病、锈病、葡萄霜霉、黑痘病、桃穿孔病、缩叶病等	注意发病前施药,一般不与其他农药混用
氧化亚铜	56%水分散粒剂、86.2%可湿性粉剂	属保护性杀菌剂。可防治白粉病、叶斑病、腐烂病以及杀灭蛞蝓和蜗牛	禁止在果树花期和幼果期使用,低温潮湿条件下慎用
甲霜灵·锰锌	58%可湿性粉剂、53%水分散粒剂	主要用于防治各种作物的霜霉病、晚疫病和疫(霉)病等	尽量不要连续单一使用,以免病菌产生抗药性
噁霜锰锌	64%可湿性粉剂	主要用于防治各种作物的霜霉病、晚疫病或疫(霉)病、幼苗猝倒病等	不要连续单一使用,以免产生抗性
烯酰·锰锌	69%水分散粒剂,50%、69%可湿性粉剂	对卵菌纲真菌引起的植物病害具有独特防治效果。主要用于防治各种作物霜霉病、晚疫病和疫(霉)病等	不要连续单一使用,以免产生抗性

其他杀菌剂

通用名称	常用剂型	防治对象及用途	注意事项
锰锌·腈菌唑	62.25%可湿性粉剂	主要用于防治梨黑星病、黑斑病、锈病、轮纹病，苹果白粉病、黑星病、轮纹病、早期落叶病等	
乙膦铝·锰锌	61%、64%、70%、75%可湿性粉剂	对霜霉菌和疫霉菌有明显的协同杀菌增效作用。主要用于防治果树霜霉病、疫(霉)病和晚疫病、炭疽病，苹果轮纹病、斑点落叶病，梨黑斑病及真菌性叶斑病等	
霜脲·锰锌	72%可湿性粉剂	主要用于防治低等真菌病害，对霜霉病、晚疫病、疫(霉)病及褐腐病等有特效	
十二烷基硫酸钠	1.5%乳剂、2.5%可湿性粉剂	为广谱性植物病毒钝化剂。主要用于防治草莓病毒病	在作物表面无露水时施用最佳
多菌灵·硫磺	25%、50%可湿性粉剂，40%、50%悬浮剂	属广谱性杀菌剂。主要在不易发生药害的作物上(或生长中后期)使用，可用于防治白粉病、炭疽病、褐斑病、叶斑病等	高温期使用易产生药害，应提高稀释倍数
多·霉威	25%、37.5%、50%可湿性粉剂，25%悬浮剂	属广谱性杀菌剂。主要用于防治灰霉类病害，特别对抗性病菌效果显著。在生产上主要防治灰霉病、菌核病、褐腐病、苹果轮纹烂果病等	病前或病初施用效果较好
乙霉威	50%、65%、66%可湿性粉剂，6.5%粉尘	属广谱杀菌剂。主要用于防治各种作物灰霉病	病前或病初施用效果较好
硫磺·甲硫灵	70%可湿性粉剂、50%悬浮剂	主要在不易发生药害的作物上或发育阶段使用，可用于防治白粉病、炭疽病、褐斑病、黑星病、叶霉病及多种叶斑病等	高温期使用易产生药害，应提高稀释倍数

其他杀菌剂

通用名称	常用剂型	防治对象及用途	注意事项
波尔·锰锌	78%可湿性粉剂	复配剂,对葡萄霜霉病、苹果叶斑病有效	幼果期不喷施
腐殖酸铜	2.2%水剂	对苹果腐烂病有效,有明显促进病疤愈合效果,可防治复发	只能涂抹不能喷施
春雷氧氯铜	50%可湿性粉剂	对多种作物的叶斑病、炭疽病、白粉病、溃疡病有效	对苹果、葡萄的嫩叶敏感,宜在下午4时喷药
氟菌唑	30%可湿性粉剂	对多种作物的白粉病有效	与其他药剂轮换使用
恶霉灵	15%水剂	杂环类内吸性杀菌剂,土壤消毒剂,有植物生长调节作用,促进根部生长,对镰刀菌、腐霉菌和丝核菌有效	对疫霉无效
其他杀菌剂 多·井	28%悬浮剂	防治苹果、梨褐斑病,对半知菌和子囊菌有效	本品使用时应先摇匀后配药,不能与碱性农药混用
琥胶肥酸铜	50%可湿性粉剂、30%悬浮剂	杀菌谱广,防治苹果腐烂病、黑痘病、霜霉病。对细菌性病害以及真菌中霜霉菌和疫霉菌防效优于一般药剂	在病害发生初期应用
咪鲜胺锰盐	50%可湿性粉剂	属脒酰胺类广谱杀菌剂,具有保护和铲除作用	不能与碱性农药混用;气温高时要加大稀释倍数
咪鲜胺	25%乳油	对果实炭疽病有效,具有保护和铲除作用,无内吸性,低毒,优良果蔬保鲜剂	不能与碱性农药混用
噻菌灵	45%悬浮剂	作为水果产后防腐保鲜剂,不影响果实风味。用0.1%药液浸果几秒钟防腐保鲜,对多种作物真菌性病害有保护和治疗作用	不能与含铜制剂混用,对皮肤有刺激

通用名称	常用剂型	防治对象及用途	注意事项
醚菌酯	50%干悬浮剂	对多种真菌病害有效。对白粉病、黑星病防效好	每季作物用药不宜超过3次,对鱼和水生生物有毒
炭疽福美	80%可湿性粉剂、40%胶悬剂	对苹果斑点落叶病、桃黑星病有效。还可防治多种作物炭疽病	不能与碱性药肥及铜制剂混用
氯苯嘧啶醇	6%可湿性粉剂	杀菌谱广,对果园多种病害有预防和治疗作用,可防治苹果黑星病、炭疽病,梨黑星病、锈病	按说明严格喷施浓度
石硫合剂	45%晶体、45%固体	防治苹果树腐烂病、炭疽病、白粉病,可杀伤苹果全爪螨的卵及山楂叶螨的出蛰成螨	不能用铜、铝器具熬制和贮藏;温度32℃以上和4℃以下时均不宜使用;对叶组织脆嫩的作物易发生药害;不与其他农药混用
多硫化钡	70%粉剂	苹果树腐烂病、白粉病	一般在果树萌芽前应用
多氧霉素D锌钠盐	3%可湿性粉剂	防治果树腐烂病,有抑制病斑扩大和病菌产孢作用	只能涂抹,不能喷雾
菌毒清	5%水剂	是一种氨基酸类内吸性杀菌剂,对病菌菌丝生长及孢子萌发有很强抑制作用。可防治多种病害	不能与碱性农药混用
福美胂	10%涂抹剂	防治果树腐烂病,加速老树皮的更新和脱落,促进伤疤的愈合,可兼治轮纹病和干腐病	注意尽可能不使药液滴落到叶片和果实上

其他杀菌剂

附表2 无公害果树杀虫剂用途表

通用名称		常用剂型	防治对象及使用方法	注意事项
微生物源杀虫剂	阿维菌素	0.3%、1%、1.8%、2%、5%乳油，0.5%高渗乳油，0.5%、1%、1.8%可湿性粉剂	主要用于防治美洲斑潜蝇、茶黄螨、小菜蛾、菜青虫、甜菜夜蛾、斜蚊夜蛾、锈壁虱、甘蓝夜蛾、烟青虫、各种红蜘蛛、二斑叶螨、梨木虱、梨网蝽、多种瘿螨、果树毛虫等，在害虫或害螨发生初期均匀喷雾防治	对鱼类、蜜蜂高毒；本品杀虫、杀螨速度慢，施药后3~4天才出现死亡高峰
	苏云金杆菌	100亿活芽孢/克可湿性粉剂、100亿活芽孢/毫升悬浮剂	对鳞翅目害虫有特效。主要用于防治菜青虫、小菜蛾等，在害虫初发期均匀喷雾	不能与杀菌剂或内吸性有机磷杀虫剂混用；在低虫量阶段施用或比常规农药提前2~3天施用，防治效果更好
拟除虫菊酯类杀虫剂	氰戊菊酯	20%、25%、40%乳油	主要防治鳞翅目害虫，常用于防治蚜虫、卷叶蛾、食心虫等。在害虫初发期均匀喷雾	避免与碱性农药混用；连续使用害虫易产生抗性，应注意与非菊酯类农药混用或交替使用
	顺式氰戊菊酯	5%乳油	本品杀虫活性比氰戊菊酯高4倍，使用量低，杀虫效果好，对作物安全。主要防治卷叶蛾、食心虫、多种蚜虫等。在害虫初发期均匀喷雾	与有机磷类农药混用或交替使用，可延缓害虫产生抗药性；果树花期不要喷药
	甲氰菊酯	10%、20%乳油	主要防治红蜘蛛、二斑叶螨、食心虫、金纹细蛾、蚜虫、桃卷叶蛾等。在害虫初发期均匀喷雾	无内吸作用，喷雾必须均匀周到；注意与不同类型农药交替使用
	溴氰菊酯	2.5%乳油，2.5%、5%可湿性粉剂	对鳞翅目和蚜虫杀伤力大，但对螨类无效。主要防治蚜虫、食心虫等。在害虫初发期均匀喷雾	对螨类无效，多次使用可能引起害螨猖獗发生，故应注意同时防治害螨

通用名称		常用剂型	防治对象及使用方法	注意事项
拟除虫菊酯类杀虫剂	联苯菊酯	2.5%、4%、10%乳油	低温下更能发挥药效,春、秋两季使用效果突出。对红蜘蛛类效果良好。主要防治蚜虫、红蜘蛛、棉铃虫、食心虫、卷叶蛾等	喷药注意均匀周到,避免连续单一使用
	氯氰菊酯	5%、10%、20%、25%乳油,10%可湿性粉剂	对有机磷农药产生抗药性的害虫防治效果良好,但对螨类和盲蝽类效果较差。主要防治蚜虫、食心虫、棉铃虫、卷叶蛾等	无内吸作用,喷雾必须均匀周到;注意与不同类型农药交替使用
	氯氟氰菊酯	2.5%、5%乳油,10%可湿性粉剂	主要防治食心虫、蚜虫、卷叶蛾、棉铃虫等。均匀喷雾对有机磷农药产生抗药性的害虫效果良好,并对螨类有一定兼治作用	本剂虽然有一定杀螨作用,但不宜作为专用杀螨剂防治害螨
其他杀虫剂	吡虫啉	10%可湿性粉剂,10%、20%乳油,20%可溶性液剂,70%水分散粒剂,30%微乳剂	主要防治刺吸式口器害虫,如蚜虫、叶蝉等	不要在阳光直射下喷药,以免降低药效
	啶虫脒	3%、5%乳油,3%、5%、20%可湿性粉剂,20%、21%可溶性粉剂,20%可溶性液剂,2%高渗乳油	对刺吸式口器害虫有特效。适用于防治蚜虫、梨木虱、叶蝉等	不能与波尔多液、石硫合剂等碱性农药混用
	敌敌畏	50%、80%乳油,15%、17%、22%、30%烟剂	具有触杀、胃毒和熏蒸作用,对害虫击倒力强。属广谱性杀虫剂;对咀嚼式和刺吸式害虫及害螨有良好防治效果。多用于防治蚜虫、叶蝉、棉铃虫、卷叶蛾、食心虫、刺蛾等	在作物花期及养蜂场所禁止使用

通用名称	常用剂型	防治对象及使用方法	注意事项
敌百虫	50%、80%可溶性粉剂,25%、30%、40%乳油	对害虫有很强的胃毒作用,兼有一定的触杀作用,对植物具有渗透性,但无内吸传导作用,对害虫击倒力强。主要用于防治叶甲、棉铃虫、卷叶蛾、食心虫及地下害虫等	元帅苹果的幼果对本品敏感,用药需慎重
辛硫磷	40%乳油,40%高渗乳油,1.5%、3%颗粒剂	以触杀和胃毒作用为主,对害虫卵有一定杀伤能力。属广谱性杀虫剂。常用于防治蚜虫、桃小食心虫(地面用药)、梨星毛虫、刺蛾、棉铃虫、叶蝉及地下害虫等	本品见光易分解,喷雾最好在傍晚或阴天进行
毒死蜱	20%、25%、40%、40.7%、48%乳油,3%、5%颗粒剂	具有胃毒、触杀和熏蒸作用。不仅可以防治为害茎叶的地上害虫,而且还能够很好地防治地下害虫。属广谱性杀虫剂。常用于防治苹果绵蚜等多种蚜虫、介壳虫、食心虫、卷叶蛾、梨木虱、枣瘿蚊、象甲、叶甲、刺蛾、棉铃虫等	不能与碱性农药混用,以免降低药效
除虫脲	5%乳油、5%可湿性粉剂、20%悬浮剂	主要用于防治鳞翅目害虫,对有机磷类农药产生抗药性的害虫有特效。常用于防治金纹细蛾、卷叶蛾、刺蛾、棉铃虫等	在鳞翅目幼虫低龄期使用效果好
灭幼脲	20%、25%悬浮剂	属特异性昆虫生长调节剂类杀虫剂,作用于鳞翅目幼虫的蜕皮过程,阻碍害虫正常蜕皮而导致死亡。一般经 3～4 天才显示药效。常用于防治卷叶蛾等	不能与碱性农药混用;在鳞翅目幼虫期使用效果好

注：表中左侧合并单元格标注为"其他杀虫剂"。

通用名称	常用剂型	防治对象及使用方法	注意事项
杀铃脲	5%、20%悬浮剂,5%乳油	对鳞翅目害虫有特效。主要用于防治卷叶蛾、刺蛾、棉铃虫等。在害虫初发期均匀喷雾	不能与碱性农药混用
氟虫脲	5%可分散液剂	具有触杀和胃毒作用,药液有很好的叶面滞留性。对幼螨和若螨效果较好,不杀卵和成螨。一般多用于防治叶螨类(红蜘蛛及白蜘蛛)、棉铃虫等	不能与碱性农药混用;与波尔多液使用间隔期在 10 天以上
虫酰肼	20%、24%悬浮剂	具有胃毒作用,是一种促进鳞翅目幼虫蜕皮的新型仿生类杀虫剂。幼虫取食药剂后 6~8 小时停止为害,3~4 天后开始死亡。可以防治卷叶蛾、美国白蛾等	均匀周到喷药可以提高防治效果
氟虫腈	5%悬浮剂、0.3%颗粒剂	属广谱性杀虫剂。对多种害虫特别是对一些抗性害虫均有良好的杀灭效果。主要用于防治蚜虫和叶蝉	
噻虫嗪	25%水分散粒剂	具有良好的胃毒和触杀性,具强内吸传导性。主要用于防治刺吸式口器的害虫,如蚜虫、叶蝉、梨木虱等	害虫取食后立即停止活动,但死亡速度较慢,死亡高峰在施药后 2~3 天出现
噻螨酮	5%乳油、5%可湿性粉剂	属广谱性杀虫剂。对叶螨类有很好的防治效果,但对锈螨、瘿螨效果较差	本品无内吸性,喷药应均匀周到;药效慢,且不杀成螨,所以一般用药应提早 3~5 天;每生长季节推荐使用 1 次
哒螨灵	10%、15%乳油, 20%、30%、40%可湿性粉剂	以触杀作用为主。对叶螨和各个虫态(卵、幼螨、若螨、成螨)均有良好灭杀效果。主要用于防治各种红蜘蛛、瘿螨类及锈螨类等	不能与波尔多液混用;田间喷药均匀周到,以充分发挥药效

通用名称		常用剂型	防治对象及使用方法	注意事项
其他杀虫剂	四螨嗪	20%、50%悬浮剂,20%可湿性粉剂	属广谱性专性杀螨剂。主要用于防治叶螨类,如红蜘蛛等	每年最好只使用1次,以免产生抗药性
	喹螨特	9.5%乳油	有效防治各种叶螨类,如红蜘蛛、白蜘蛛、瘿螨类、锈螨类等	在果树花期不使用;喷药应均匀周到,以喷湿叶背及叶面效果更佳
	抗蚜威	50%可湿性粉剂	能用于防治对有机磷杀虫剂产生抗性的除棉蚜以外的所有蚜虫	低温时,喷雾要均匀周到
	杀螟丹	50%、90%可溶性粉剂	属广谱性杀虫剂。可用于防治鳞翅目、鞘翅目、半翅目、双翅目等多种害虫和线虫	对蚕毒性强
	杀螟硫磷	50%乳油	主要用于防治鳞翅目和同翅目害虫。如桃小食心虫、梨小食心虫、卷叶蛾等	易使西洋梨发生药害,桃幼果期不用;不与碱性农药混用